U0097706

關鍵時刻能救命的
急救指南 First Aid Guide

賈大成◎著

8 大急救場景 × **118** 個急救技巧，
讓你面對突發狀況，也能不慌不亂！

聲 明

　　書中描述的急救方法僅供參考，不作為實際情況中完全依賴的手段。當突發危急情況時，應根據具體情況具體分析，在施以正確急救的同時盡快撥打急救電話 119，以免錯過最佳急救時機。

　　說起賈大成，首先出現在我腦海的是「中國急救科普第一人」這個美譽；其次才是頭髮花白，但精神矍鑠，和藹可親，又有點兒倔的老頭兒。我和賈大成是多年的朋友，也是同行，但讓我佩服的是這個老頭兒執著的精神。雖然他已經從北京急救中心退休 10 多年了，但依然堅持不懈地做著急救科普事業。從他正式加入急救隊伍算起至今已有 38 個年頭了。每天與生生死死打交道的他，滿肚子急救的故事，有經驗、有教訓，常常看到由於病人或家屬欠缺應有的急救常識而使得搶救延誤或不當，導致慘痛後果乃至失去一條條活生生的生命。

　　20 世紀 60 年代，社會動盪中，不想荒廢時光的賈大成貓在書店裡看書，最讓他感興趣的是那些無人問津的醫學書籍，其中針灸方面的書讓他極為著迷。白天在書店看了針灸方面的書籍之後晚上回家就拿自己、鄰居、朋友，甚至自己的父母做試驗。沒想到的是自學的針灸效果竟然還不錯。街坊四鄰，甚至幾十里遠的人，只要有個頭疼腦熱，或者身體哪兒不舒服，就會來大成家裡讓他「扎針」。

　　後來，賈大成到農村插隊，也把「賈氏」針灸帶到了這裡。周圍老鄉知道「北京來的一個知青會看病」，一傳十，十傳百，十里八鄉的鄉親們紛紛前來找賈大成這個「假醫生」瞧病。就這樣「非法行醫」了 8 年，不僅沒有惹出醫療事故和醫鬧，反而贏得了眾鄉親的盛讚和關愛。

　　憑著對醫學的熱愛，8 年的知青生活結束之後，他順利地考上了大學，對醫學知識進行了系統的學習，從以前的「假醫生」開始變成專業的「賈醫生」。自 1983 年進入北京急救中心工作，直到 2009 年退休，他把人生最美好的時光都奉獻給了急救事業。

　　辛勞一生，救人無數。退休後，賈大成本可以好好享受晚年的幸福生活，可是這個倔老頭兒，一直閒不住，堅持不懈地幹著已經幹了 30 多年的急救科普工作。他不僅挽救了無數人的生命，還對近百萬人進

行了急救技能培訓。用賈大成自己的話說就是：「我這一輩子只幹了兩件事，一件事是救人，一件事是教人救人。」

雖然賈大成已經為急救事業做出了很大貢獻，可是他總覺得還差得很遠。他常說，中國每年至少 55 萬人猝死，差不多平均每分鐘猝死 1 人。如果每個人都懂得急救的方法，那能挽救多少人的生命，挽救多少家庭的幸福？可是在中國懂得急救知識的人很少，在中國學會急救的人不足 1%，與發達國家有巨大差距。當然，急救普及率肯定還在上升，從北京地鐵安裝急救 AED（自動體外去顫器）可以看得出來。在賈大成看來這遠遠不夠，因為我們不僅缺乏急救知識，更缺乏急救的意識。當有人突然倒在自己面前時，很多人不知道如何救助。

人們不僅需要樹立急救意識，也要學會急救方法。賈大成將一些人們應該學會的急救知識和急救技能整理成書，這便是我們正在捧著閱讀的《關鍵時刻能救命的急救指南》。這本書的施救場景包括：家庭、戶外、校園；施救人群包括：成年人、兒童、老年人、已病人群。此外，本書還包括針對處理心肺復甦、昏迷、休克、溺水、觸電、燒傷、中毒、動物咬傷等問題的近 120 種急救技巧。賈大成用他專業的知識，風趣幽默的語言，深入淺出地將急救知識打碎揉細，講得通俗易懂，可以達到現學現用的地步。

危險其實就在我們身邊，只是我們不知道哪天到來。我們懂得幾招急救技巧或方法，不僅可以救自己，還可以救別人。希望大家通過閱讀本書，再加以練習，與賈大成老師一起挽救生命，挽救更多家庭。

張海澄（北京大學醫學繼續教育學院院長、北京大學人民醫院心血管內科主任醫師）

　　一年之計在於春。但比起跨年夜的希望之鐘，更震撼我們心靈的是新年伊始的健康警鐘。2020 年 12 月 29 日，供職於拼多多的 23 歲女孩，在加班後回家的路上暈厥倒地，近 6 小時的急救未能挽救如花的生命；2021 年 1 月 1 日，《巴啦啦小魔仙》中淩美琪的扮演者孫僑潞，突發心梗不幸離開人世，年僅 25 歲……

　　痛心之餘，我們必須正視近年來的「猝死年輕化」：34 歲的天涯社區副主編金波，36 歲御泥坊原董事長吳立君，36 歲華為工程師齊智勇，39 歲復旦大學附屬腫瘤醫院放療科醫生楊立峰，44 歲春雨醫生創始人兼 CEO 張銳……本應春秋鼎盛，大展宏圖，卻壯志未酬，匆匆離去。他們的離開，不僅使家人悲痛、聽者惋惜，更是社會的損失。

　　為什麼不幸會發生在他們身上？個人認為，主要是他們一心投入高強度的工作，而忽視了身體健康。他們的身體應該早就出現了問題，甚至給他們發出了不少訊號，但一直沒有得到重視和解決，等身體承受力到了極限，再也無力回天。倘若他們具備基本的醫學知識，能夠識別自己身體發出來的危險訊號，及早地解決健康隱患，倘若他們倒下的時候，身邊的人懂得基本的急救方法，那麼或許這些年輕的生命能夠得到挽救。然而在現實中，人們常常覺得自己不是專業人士，學了急救知識也未必有用武之地。殊不知，缺乏足夠的急救知識儲備，猶如沒有攜帶武器的士兵，當危險突至，只能坐以待斃。

　　那麼我們在生活中應當如何武裝自己，積極「備戰」呢？

　　這本《關鍵時刻能救命的急救指南》就是我要推薦給大家的「秘密武器」。這本書的作者是「中國急救科普第一人」賈大成老師，他在醫療急救領域工作了 30 餘年，用自己的急救辦法挽救了不計其數的生命。在這本書中，他將自己幾十年親身經歷的案例和相應的急救方法歸納梳理，毫無保留地展示給大家。雖然賈大成老師是專業人士，但

沒有用高深難懂的醫學術語，而是用通俗易懂的方式將最重要的急救知識傳遞給讀者。掌握了這本書中的急救要領，你可以在遇到各種突發情況時得心應手。我建議大家無論多忙也要抽出時間讀一讀，畢竟治病救人的方法，越早學到越有用。學習急救知識不僅可以維護自己的健康，還能夠為家人和身邊的親朋好友帶來福音。

最後，再次請大家認真閱讀這本書，並將書中的急救方法教給其他人。我相信，這本看似「輕如鴻毛」的書，承載著「重如泰山」的生命！

張紅蘋（國家衛生健康委員會人口文化發展中心媒體與信息管理處處長，中國家庭報社社長、總編輯）

跟賈大成老師相識，已 10 多年了。

2012 年 4 月，《健康時報》策劃了一篇報導《給醫療影視劇找找錯》。此前，美國的《急診室的故事》、《實習醫生格蕾》，日本的《白色巨塔》等電視劇都受到劇迷的追捧，專業、精細被認為是其制勝法寶。那時中國也推出了不少醫療劇，不過，一些劇作遭到不少醫界人士的異議和批評，尤其是涉及搶救病人的劇情。《健康時報》記者聯繫到了北京市急救中心賈大成，彼時賈大成已憑藉「急救醫生賈大成」成了微博大 V。賈大成對電視劇情中不當的甚至是錯誤的急救程序、操作一一進行了糾正。

之後，賈大成成了《健康時報》的常客，經常在報紙上科普急救知識，《健康時報》記者也樂意向他請教。2014 年 6 月，《健康時報》與清華大學公共健康研究中心、中華醫學會災難醫學分會等在人民大會堂啟動了「家庭急救員」培訓計劃，賈大成是項目的核心成員之一。之後《健康時報》又組織了「全國心肺復甦急救公益路演火炬傳遞」活動，賈大成二話不說，跟著活動走遍全國。後來，報社舉辦的一系列全國性急救科普活動，賈大成老師都積極支持。

10 多年來，賈大成從報紙到電視，從博客到微博，再到微信、視頻、直播，以及各類新媒體平台；從線上到線下，從幾十人到上百人、成千人的課堂，賈大成走向了網路空間裡的千萬網友，活躍在公眾急救科普教育一線，成為名副其實的「急救科普大使」。

賈大成的《關鍵時刻能救命的急救指南》，也是他從事急救工作 30 多年來的經驗和精粹。

作為急救專家，賈大成讓我尊敬的不僅是全身心投入急救科普，還有身體力行推動提高中國的急救應急服務設施、網路的建設。2016 年

7月3日，北京一位年僅34歲的網路副主編猝死在地鐵站，賈大成老師的一句話讓我印象深刻：「如果地鐵站內有急救設備，他也有可能被救活。」

多年來，賈大成積極呼籲、推動公共場所安裝自動體外去顫器（AED），呼籲公共場所的工作人員學習急救知識。欣喜的是，2020年，北京地鐵等許多公共場所，已經逐漸安裝了AED。這背後離不開賈大成堅持不懈的呼籲與推動。

賈大成老師的這本書不繞彎子、不兜圈子、沒有空話、沒有套話，也沒有長篇大論，而是用簡短、通俗、直白的語言，將急救技能乾貨告訴大家，實用性很強，易記、易學、易做。如出現昏迷、休克、骨折、溺水、燒傷、中毒、觸電、魚刺卡喉等生活中常見的緊急情況，我們可以從這本書中找到對應的解決辦法，快速應對突發事件，力求讓當事人化險為夷。

我願意把這本書推薦給讀者朋友，也希望越來越多的人看到這本書，懂急救，會急救！

孟憲勵（人民日報社《健康時報》總編輯）

CONTENT 目錄

CHAPTER

1

生存或死亡，
這是一個嚴肅的問題

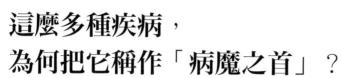

這麼多種疾病，
為何把它稱作「病魔之首」？

2020 年，在整個世界被新冠肺炎疫情搞得天翻地覆的年末，傳來了「一代球王」馬拉多納因心肌梗塞猝死的消息。他擁有那麼多資源，金錢、地位、人脈等，但仍然發生了我們不願看到的悲劇。

猝死，顧名思義，就是突然死亡的意思，更確切的說法是「貌似健康或病情基本穩定的患者在發病後 6 小時內，發生突然、意外、自然的死亡」。這個「發病後 6 小時內」是中國的規定，與世界衛生組織的規定相同，其他國家或地區還有規定為「12 小時」「24 小時」。不過多數學者主張「1 小時」突然死亡就可以稱為猝死。

時間不是絕對的。我們都知道相聲演員侯耀文先生也是因為心肌梗塞導致猝死。聽聞此消息我內心很悲痛。侯耀文先生上午開始發病，感到後背疼痛，下午 6 點多離世。時間超過了 6 個小時，我們業內人士都認為他是心源性猝死。

在人類所有的疾病中，就突發性、緊迫性、兇險程度和後果而言，無論過去、現在還是將來，世界上沒有任何一種疾病能夠與猝死相比，所以它又被列為「病魔之首」。

判斷猝死最關鍵的依據在於它的三大特點：突然、意外和自然死亡。「突然」表示急驟，時間短；「意外」表示預料不到，這兩個詞不用解釋，幾歲的孩子都明白是什麼意思；但「自然死亡」大多數人就未必知道是什麼意思了。「自然死亡」指的是由於各種疾病導致的死亡，符合生命和疾病自然發生、發展的規律，沒有暴力干預而發生的死亡，不包括由於疾病以外的各種原因導致的死亡。例如：觸電、溺水、刎頸、自縊、急性中毒、車禍、高空墜落、工傷事故、自殺、他殺等，稱之為非正常死亡，也叫暴力性死亡。

猝死可分為兩大類：心源性猝死和非心源性猝死。所謂心源性猝死，也稱心臟性猝死，約占猝死人數的五分之四以上，一般在發病後 1 小時內就死亡，主要是由於心臟的某種原因導致患者突然死亡。患者以前可能患有心臟病，也可能並無心臟病史。引起心源性猝死的心臟疾病有兩類：一類是冠心病，其中急性心肌梗塞是冠心病的嚴重類型，是導致猝死的第一原因，占猝死總數的 80% ～ 90%；另一類是除冠心病以外的其他各種心臟病，例如：心肌炎、心肌病、主動脈夾層動脈瘤等等。

中國國家心血管病中心 2019 年發布的數據顯示，中國心源性猝死的發生率約為每 10 萬人中有 41.8 例，也就是說中國每天有 1500 人發生心源性猝死。院前心肺復甦術（CPR）的自主循環恢復率為 25% ～ 40%。中國心源性猝死患者最終能被搶救回來，並完全恢復的機率只有 2% 左右。

非心源性猝死也稱非心臟性猝死，指患者因心臟意外的原因導致的突然死亡，占全部猝死的 10% ～ 20%。

其中，心肌梗塞是冠心病中一個非常嚴重的類型，為冠狀動脈阻塞、血流中斷，使相應的心肌因嚴重而持久的缺血發生壞死，而導致心臟功能的嚴重損害，死亡率很高。所以重視預防和加強健康教育特別重要。

去世前一天，
他發短信給媽媽：「我太累了！」

中國深圳某 IT 公司 36 歲的程序員，猝死於酒店的馬桶上。

當天深夜 1 點鐘，張斌還發過最後一份工作郵件。根據張斌的同事透露，為趕工程進度，張斌加班至早晨五六點鐘是家常便飯，又要繼續上日班。去世前一天，他曾給母親發短信，說自己「太累了」。

導致年輕白領猝死有很多危險因素，其中最常見的因素就是過度勞累，精神壓力大。長時間工作會大量消耗體力和腦力，使身體與大腦陷入疲倦狀態；另外，大腦過度興奮，會使人失眠或睡眠質量不佳，影響心血管系統、消化系統、泌尿系統、神經系統等，進一步降低人體免疫力。過度勞累還會增加人體交感神經的活性，使血壓升高，加重心血管負擔，進而增加罹患心血管疾病的風險。

再說一說工作壓力。壓力過大會引起肌肉緊張、心跳加快、血壓升高，使得更多糖和脂肪溶入血液，形成血栓的機會增多。人受到壓力後，交感神經系統向腎上腺發出訊號，釋放腎上腺素、皮質醇等激素，引發一系列生理病理的發生，其結果就是心肌供血、供氧減少，促發或加重心絞痛、心肌梗塞、心臟衰竭等。

作息不規律、熬夜是健康殺手，長期如此會讓人的精神狀況始終處於緊繃的狀態，最終導致機體的電解質出現紊亂。同時，身體正常的 24 小時生物節律被打亂，容易導致體內各臟器功能失調，出現心律不齊，或者是心臟衰竭，猝死的機率驟然上升。

飲食隨意或作息不規律，這些不良因素成為誘發猝死的導火線。我們所說的經常熬夜的人，主要指那些經常熬夜工作或者是做一些刺激性活動的人。

根據網路數據統計，最容易猝死的行業 Top7，天天加班，精神高度緊張的 IT 程序員排在第 2 名，「勇奪榜首」的是網店店主。其他第 3 到第 7 名分別是：新媒體運營、廣告人、醫生、一線工人和運動員。可見，這些職業都與疲勞、壓力大有關。

除去過度勞累，還有哪些人是容易猝死的高危人群呢？

從我這麼多年的從醫經歷上講，中老年人猝死發生率是最大的，最危險的是 50 ～ 70 歲年齡段的中老年人，其次是 40 ～ 50 歲的人，之後才是 40 歲以下和 70 歲以上的人。

我還要說一說有家族慢性病史的人群。如果父母有動脈硬化、高血壓、冠心病、腦血管病、糖尿病等慢性病，那子女得這些病的機率就高；反之，如果父母沒有這些病，那子女得這些病的機率就低。冠心病雖然不是遺傳性疾病，但有遺傳傾向。另外，更多的原因可能是，一個家庭的成員由於長期在一起共同生活，有相同或相近的生活習慣，甚至連為人處世的性格和行為都很接近，這也會成為病變的危險因素。

還有就是那些性格過於固執急躁的群體，也就是我們常說的 A 型性格的人。這類人固執、急躁、辦事較真、人際關係緊張，他們血液中的腎上腺素含量較高，容易發生高血壓、冠心病。

一般情況下，男性的猝死率遠遠高於女性，這可能與男性較多地承受家庭與社會壓力，以及男性多有吸煙、酗酒、熬夜等不良生活習慣有關。值得注意的是，女性更年期前發病率低於男性，而更年期後發病率逐漸升高，與男性接近甚至已超過男性，這與體內的性激素水平有關，尤其以心臟性猝死為首發症狀的女性患者比例明顯高於男性，女性到了更年期就要提高警惕了。

　　有些人「貌似健康」，而實際上可能有潛在的、尚未被發現的某種疾病，例如：心臟病。這樣的隱匿型冠心病患者，我幾乎每天都能遇到，尤其是相對年輕的患者，例如：40 多歲或 50 多歲，甚至是 20 多歲、30 多歲的人，都可能出現。所以即使你很年輕，也不能不把猝死當一回事。

重視身體發出的預警訊號

　　猝死雖然來得突然，猝不及防，但是有一些猝死發生前是有一定徵兆的。只不過身體發出的預警訊號，很多人沒把它當回事而已。

　　如果身體有以下表現，那麼警示著猝死有可能發生：

　　首先要說的就是胸痛，常見於急性心肌梗塞，這是最危險、最多見的情況。另外，肺梗塞、主動脈夾層、張力性氣胸等，雖然發生率沒有急性心肌梗塞高，但是一旦發病比急性心肌梗塞更兇險。急性心肌梗塞的典型表現是胸痛，但是發生胸痛不一定都是急性心肌梗塞，岔氣也會引起胸痛。所以要有這方面的意識，胸痛首先要想到會不會是心臟病。

　　急性左心衰、重症哮喘、氣胸等都可能導致呼吸困難，甚至迅速危及生命。所以出現呼吸困難的症狀也要立即採取措施。

　　突然心率加快，尤其是當心率超過 140 次 / 分鐘，發作時間稍長可導致血壓下降，甚至休克。無原因出現的心率加快通常是快速性心律失常的結果。多數心律失常的危險性較小，不會引發猝死。然而，如

果是頻繁發作的惡性心律失常，並且伴有頭暈、心臟停搏感，就要特別重視，這有可能發展為猝死。發生急性心肌梗塞時，心率突然超過120 次 / 分鐘，可能是室性心動過速，預示著隨時可能發生室顫（80%以上的心臟驟停發生後的數分鐘內都是室顫）。嚴重的心臟房室傳導阻滯，致患者心率減慢至 60 次 / 分鐘，甚至 50 次 / 分鐘，也是猝死的危險訊號。

胸痛常見於急性心肌梗塞。

突然劇烈頭痛，甚至嘔吐，平日有高血壓的患者可能是將要發生，或已經發生過急性腦血管病。

患有急性胰腺炎、消化道穿孔、急性闌尾炎、急性膽囊炎、腸阻塞、宮外孕破裂、主動脈夾層等疾病的患者均極有可能發生心臟驟停。

患有呼吸道異物梗塞、喉頭水腫、頜面部及頸部損傷等疾病的患者，因缺氧可能有呼吸心跳停止的危險。

發生抽搐的時候，可能是癲癇大發作、癔症、小兒高熱驚厥等各種原因引起的短暫性腦缺血等，也可見於心臟驟停的瞬間。

其他情況還有：

突然昏迷，可能是各種原因引起的心臟驟停、急性腦血管病、顱腦損傷、低血糖症、各種急性中毒等。

暈厥或猝倒，多數暈厥是由於心跳突然減慢或停止，導致腦供血不足而引起的。大多數暈厥或猝倒的人能自行恢復，但不能恢復的，便會造成猝死。

肢體癱瘓，可能是發生了急性腦血管病或神經系統的其他嚴重疾病。

血壓急劇增高，可能會導致急性腦血管病、急性左心衰等；血壓急劇下降，完全有可能發生休克。

嘔血、喀血（咯血）等，由於出血而導致休克或窒息，繼而危及生命。

引起猝死的絕大部分急症都有比較典型的表現，出現這樣的症狀，可要高度警惕了。患者身邊的人應該立即撥打急救電話，並且守在患者身旁，進行力所能及的搶救。

身邊有人發生猝死，你該怎樣做呢？

當身邊有人發生猝死，要立即進行急救。要知道，當心臟驟停的時間超過 4 ～ 6 分鐘，腦組織則會發生永久性損害，超過 10 分鐘則腦死亡，無可挽救。特別是大約 90% 的猝死發生在醫院以外的場合，送到醫院時就來不及，救護車又不可能在數分鐘內到達患者身邊。因此，在救護車到來之前，患者身邊的人應該立即採取及時、正確的心肺復甦，重建和維持患者腦組織的供血，這是必須且刻不容緩的方法。

如果遇到有人突然倒地，應立即輕拍雙肩，分別在耳朵兩側大聲呼喚，檢查是否有反應；如果沒有反應，立即用 5 ～ 10 秒鐘的時間透過觀察胸部有無起伏判斷呼吸是否停止。

如果意識喪失、呼吸停止或呈喘息樣呼吸，說明心臟已經驟停，應該馬上做到：

請人撥打急救電話 119，就近取來 AED。如果現場只有施救者一人，立即打開手機的免持，邊打電話邊做胸外心臟按壓；如果現場只有施救者一人，又能馬上取到 AED，應立即使用 AED 進行急救。

做心肺復甦，重點是胸外心臟按壓，這是整個搶救過程中最基本的搶救方法，著重胸外心臟按壓，目的是為保證腦組織的供血。

盡快對患者的心臟進行電擊去顫，就需要 AED 出場了。這是全部搶救過程中最關鍵的搶救，目的是促使心臟復跳。

AED 的使用是心肺復甦全過程中最關鍵的一環，目的是消除「室顫」，恢復心跳。僅有按壓而無 AED 使用的心肺復甦，復甦成功率極低，如果及時使用了 AED，復甦成功率會大大提高。

我們可以把上述心肺復甦操作簡化為以下四步：**判斷—呼救—按壓—去顫。**下面還會說到，在此不做過多贅述。

目前，中國每年有 54.4 萬人發生猝死，平均每天有 1500 人猝死，每分鐘就有 1 人猝死，而絕大多數人沒有學習過心肺復甦的操作。因此，強烈呼籲大家都來學習掌握心肺復甦的操作，治病救人，做錯了不如不做。唯有心肺復甦，做錯了也比不做強，不做肯定死，做就有可能活。

為什麼說這4分鐘的價值猶如黃金？

　　對於猝死，在剛開始的 4 分鐘內，就能對患者進行有效的心肺復甦搶救，其作用可以用四個字形容：至關重要。這最初的 4 分鐘，常常被稱為挽救生命的「黃金 4 分鐘」。

　　我們知道，人一旦發生猝死，全身所有的組織、器官都會受到不同程度的損害，腦組織首當其衝。大腦是人體耗氧量最高的組織，別看大腦重量僅占人體自身重量的 2%，血流量卻占全身總重量的 15%，而耗氧量則占到全身總耗氧量的 20% ～ 30%，嬰幼兒更是高達 50%。因此，腦組織比任何器官都更怕缺氧，對缺氧更為敏感。例如：在工廠裡，工人的手不慎被機器切斷與身體分離，供血、供氧完全中斷，但是只要條件較好，傷口整齊，又保持了斷肢的乾燥，一般在常溫下 6 小時內都可以將斷肢再植成功。可腦組織對於缺血、缺氧的時間就不能以小時來計算了，而是以分秒來計算。

　　患者發生心臟驟停後，呈現出來什麼樣的狀態？我們可以拉一條時間軸：

✝ 驟停瞬間：心音、脈搏消失。

✝ 3 ～ 4 秒：出現頭暈、眼花、噁心。

✝ 10 ～ 20 秒：出現嚴重的腦缺氧，患者意識會突然喪失，伴有全身性、痙攣性抽搐，雙側眼球固定、上移，瞳孔放大，口唇青紫。

✝ 30 ～ 40 秒：雙側瞳孔放大，對光反射消失。

✝ 40 ～ 60 秒：呼吸停止或喘息樣呼吸，伴有大小便失禁。

如果心跳、呼吸停止的時間超過了 4 ～ 6 分鐘，腦組織就會發生不可逆的損害。即便搶救回來，也很容易留下後遺症，如輕者反應遲鈍，記憶力減退，重者甚至變成植物人。當然還有介於兩者之間不同程度的後遺症，會給患者造成永久性的傷害。

如果心跳、呼吸停止時間超過了 10 分鐘，導致腦死亡，生命就無可挽救。

因此，對於猝死的患者，只有搶在「黃金 4 分鐘」內進行心肺復甦，而且搶救開始得越早才越有可能挽救更多的生命。分秒必爭，也就成為急救醫學中的最高原則之一。

沒想到，心肺復甦第一步竟然是這個！

心肺復甦其實不算難，也不需要任何醫療器材和多高深的醫療專業知識，您只要有手就能操作，比開車好學多了。心肺復甦操作分為幾個步驟？答案是七步。第一步需要做什麼呢？是不是需要牢記「黃金4分鐘」的重要性，立即撲到患者身上開始心臟按壓呢？

非也非也。

第一步，迅速評估現場環境的安全性。 只有判明已經造成的傷亡，將要發生的危險，以及可能繼續造成的損傷等，然後快速排除各種險情，確保施救者的人身安全，才可進入現場。

特別是在一些，例如：地震、爆炸、火災，以及一些大型車禍現場，首先你要弄清你自身、傷病者和圍觀者有無危險，以及有無後續危險，然後再評估現場可供使用的資源及必需的援助。

在大多數情況下，事故的引發因素可能仍然對急救人員存在著威脅。因此，首先要確保你自身的安全。最簡單的道理，如果你也受傷了，還怎麼救別人呢？

救援人員進入現場前，應對現場可能出現的危險進行充分評估，選擇快速而安全的進出路線，並注意有無可以緊急避險的掩體等，還應充分利用防護裝備，例如：頭盔、反光背心、防護手套、安全眼鏡、絕緣防護膠靴、防毒面具等等。既要盡量減少與避免不必要的傷亡，又要努力挽救更多的生命。

　　根據現場環境的具體情況，救援人員應採取必要的防護措施。只有確保救援人員自身的安全，才能保證傷員的安全，否則可能事與願違，造成更大的損失。救援人員應在盡快排除各種險情後，才可進入現場。

　　通常十分簡單的措施，例如：關閉電源等，即可保證現場的安全。有時需要更加複雜的操作，才能達到這一目的。清楚自己的能力所限，不要企圖做太多的事情，以免你自己和傷病者陷入進一步的危險之中。

　　如果無法清除危及生命的危險物，必須盡可能地將傷病者移開，保持適當距離；但有一點，除非必須，否則不要將傷病者搬離原地，免得造成二次損傷。你需要工具及專業人士的幫助。

　　嚴重事故發生時，警方一般會控制現場。記住切勿破壞現場的任何證物，尤其是在有人員傷亡的情況下更是如此，因為這將涉及法律調查等事宜。

　　這一步完成了，就可以迅速進入下面的其他救助環節。

第二步，判斷傷者有無意識和呼吸。

第三步，立即撥打急救電話 119。聯繫急救中心和其他應急部門，提供傷員和事故的準確訊息，確保他們能進行有效的救助。然後判斷現場狀況，確保安全後開始急救。

第四步，將傷者放至復甦體位，即仰臥位。患者頭、頸、軀幹平直無扭曲，雙手放於軀幹兩側。具體方法是，先跪在患者身體一側，然後將其兩上肢向上伸直，將遠側的腿搭在近側腿上，然後用一隻手固定在患者的後脖子部位，另一隻手固定在遠側的腋窩部位，用力將患者整體翻轉成仰臥位。避免身體扭曲彎曲，以防脊柱脊髓損傷。患者仰臥的地面要堅實，否則按壓時深度不夠，心臟排血量會減少。

第五步，胸外心臟按壓。

第六步，暢通呼吸道。

第七步，口對口吹氣。

以上這七步就是心肺復甦的具體操作了。

如何判斷傷者是否需要馬上心肺復甦？

心搏驟停的診斷標準有以下幾條：

第一條，神志和意識突然喪失，呼之不應；

第二條，大動脈搏動消失，大動脈指的是頸動脈、股動脈；

第三條，呼吸停止或呈喘息樣呼吸；

第四條，心音消失；

第五條，臉色和口唇的色澤改變，皮膚蒼白或明顯發紺；

第六條，眼球固定、上移，瞳孔放大，對光反射減弱以致消失；

第七條，心電圖，85% 心搏驟停初期患者心電圖顯示室顫，少部分表現為心電機械分離，或呈直線的心臟停搏圖形。

而**對於非醫務人員來說，可以直接簡化為兩條：一是意識突然喪失；二是大動脈搏動消失**。不過，2000 年 8 月 15 日，美國心臟協會在其官方雜誌《循環》上頒布蘊含世界各地學術精英共同理論與實踐結晶的國際心肺復甦標準——《2000 美國心臟協會心肺復甦及心血管急救指

南》（以下簡稱《指南》）。這上面給出的心肺復甦判斷：**第一條，意識突然喪失保持不變；第二條，改成呼吸停止或呈喘息樣呼吸。**

為什麼改了呢？脈搏摸得好好的，為什麼取消了呢？《指南》只給出了一條理由，就是 65% 以上的人摸脈摸不準：有脈搏說成沒有，沒有又說成有。相較而言，檢查呼吸更不容易出錯。

針對這一標準我給了一條理由，就是絕大部分患者都是心跳先停，呼吸後停。既然是這樣，沒呼吸的患者，絕大多數人就沒心跳了，所以就不必看脈搏了。也就是說，**不用檢查有沒有心跳，只要是意識喪失、只要是呼吸停止，符合這兩條就夠了。**

可見，簡化成兩條標準是非常必要的。在分秒必爭的搶救生命面前，這個流程（檢查瞳孔是否放大、血壓是否能測出、心音能否聽得到）太繁瑣，浪費時間太多，只會耽誤寶貴的急救時間。另外，就是很多情況下病人心搏驟停往往發生在野外，不具備儀器檢測條件，採取這兩個簡單標準去判斷，有利於節省時間，盡早在現場進行心肺復甦。

心搏驟停的判斷只有兩條：

❶ 首先輕拍病人雙肩，同時分別在耳朵兩側大聲呼叫，詢問：「喂，先生，你怎麼啦？」、「發生什麼事啦？」或者給予一些簡單指令：「睜開眼睛！」問話要低聲而清晰。如果病人沒有反應，則為意識喪失。

❷ 如果病人沒有反應，立即用 5 ～ 10 秒的時間，通過觀察胸部、腹部有無起伏來判斷有無呼吸。如果一起一伏，表示呼吸存在，反之，呼吸消失。

有些病情危重的患者會出現鼻翼扇動、口唇發紺、張口呼吸困難等情況，出現呼吸頻率、深度、節律異常，呼吸時有時無，此時可用手心或耳朵貼近病人鼻腔或口腔前，感應是否有氣體進出，或者用一片薄紙等足夠輕的物體放在病人口鼻處，觀察薄紙是否隨呼吸來回擺動。

對於昏迷的病人，可能因舌根後墜阻塞呼吸道而造成呼吸困難或停止現象，此刻要首先打開呼吸道，可用「壓額提頦法」，用一手小魚際放在病人前額向下壓迫；同時另一手食指、中指並攏，放在頦部的骨性部分向上提起，使得頦部及下頜向上抬起、頭部後仰，耳垂與下頜角的連線和患者仰臥的平面垂直，即雙側鼻孔朝正上方，呼吸道即可開放。

小魚際可能很多人不知道在哪裡。其實，小魚際位於手掌的內側，包括小指展肌、小指屈肌、小指對掌肌，以及掌短肌。《黃帝內經·靈樞》中寫道：手掌兩側高起之白肉，狀如魚腹，稱之為魚。拇指側那邊稱大魚際，小指側為小魚際。大家明白了吧！

這樣做心肺復甦，你是要氣死我

　　身為一名退休急救醫生，我對急救事業無比熱愛，出於職業敏感，每次看到有關急救心肺復甦操作的影片，都會點開看一看。遺憾的是，好多影片裡心肺復甦操作的手法都是錯誤的，更誇張的是，有人替仍有呼吸心跳的人做心肺復甦，這些錯誤的操作者裡面，甚至有醫學院的學生、醫院的醫生和護士。

　　曾經看過一個影片。2019 年 5 月 8 日，某小區房子著火，消防員到場後發現是廚房起火，在屋內發現一名 40 歲左右的男子躺在廚房門口不省人事，判斷這名男子可能是現場吸入了大量濃煙。救援人員立即對其進行人工呼吸及心臟復甦，經過 10 分鐘的緊張救援後該男子心跳恢復，現場火勢也很快被控制。救火又救人，網友們紛紛點讚。

　　這件事絕對是個正能量，但是影片中的救助過程卻讓我直搖頭。影片顯示，搶救地點是在電梯口，那名男子做出搖頭的動作，並且痛苦地呻吟著，此時消防員正在進行心臟按壓。

這段簡短的急救影片有兩點錯誤：

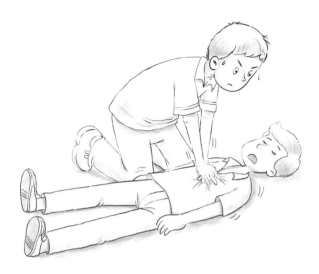

正確的心肺復甦，才能挽救生命。

❶ 其一，大活人是沒有必要進行心肺復甦操作的。

❷ 其二，消防員心肺復甦按壓的位置也不對，太偏下容易導致劍突和肋骨骨折，甚至造成肝脾破裂。

給活人做心肺復甦，無異於害人！

為什麼這樣認為呢？

首先，給一個心跳未停止，意識清楚，甚至是正常人做胸外心臟按壓，等於告訴人家：「你命休矣！」這會讓被按壓的人造成緊張、不適、驚慌、恐懼。

其次，打亂了心臟跳動原有的規律，不可能保證正好在心臟收縮時下壓，而心臟舒張時放鬆，勢必導致血流動力學的改變，心排血量受限、下降，各組織器官供血不足，嚴重的甚至導致心源性休克、死亡。

不專業的心臟按壓還可能發生肋骨和胸骨骨折，造成心臟、肺臟的損傷，以及肝脾破裂等嚴重情況，進一步導致氣胸、血胸、心肌損傷、冠狀動脈損傷、心包填塞、內臟大出血，讓患者造成不必要的傷害。

如果對一個正常人做胸外心臟按壓，必然影響到呼吸，會使得呼吸的頻率、深度大大增加，導致過度換氣，二氧化碳不斷被排出而濃度過低，引起呼吸性鹼中毒，出現頭暈、手腳麻木等情況，嚴重時四肢可能出現抽搐，甚至意識喪失。

消防員救死扶傷的行為應當得到肯定，不過急救，特別是心肺復甦操作是一門科學，需要嚴肅對待、認真學習，僅憑熱情是不行的。

乾貨[1]來了！胸外心臟按壓這樣做最有效！

胸外心臟按壓是重建循環的關鍵方法，是徒手心肺復甦操作中最重要的環節。正確的操作可使心臟排血量恢復到正常時的 25% ～ 30%。

有人覺得好奇，在體外就那麼一下、一下按壓，怎麼就能促進心臟起搏，為血液流動提供動力呢？

它的原理為：胸部按壓時，心臟在胸骨和脊柱之間擠壓，使左右心室受壓，心臟內的血液射向主動脈，進入全身動脈血管；放鬆壓迫後，心室舒張，血液回心。這個叫作「心泵機制」理論。

人體血液循環的動力不單是「心泵機制」，主要還是來自胸腔內壓增減的變化，心臟驟停病人的胸廓仍具有一定的彈性，胸骨和肋骨交界處可因受壓下陷。因此，當按壓胸部時，引起胸腔內壓普遍升高，使血液向前流動，導致肺血管床中的血液流經心臟進入全身血管，即為「胸泵機制」理論。此時的心臟就像一根輸送血液的管道，失去了瓣膜的功能，而胸腔入口處的靜脈瓣則保證血液向動脈方向流動。當胸外心臟按壓時，人工循環的動力有可能「心泵」、「胸泵」兩種機制共存，在一定條件下發揮各自的作用。

胸外心臟按壓雖然管用，但是操作方法一定要正確。

具體操作手法是：

患者平仰臥於硬板床或平地上，施救者跪在病人身體的任何一側，正對病人乳頭位置，兩膝分開，與肩同寬；兩肩正對病人胸骨上方，兩臂基本伸直，肘關節不得彎曲；以髖關節為軸，利用上半身的體重及肩、臂部的力量垂直向下按壓胸骨的下半部。

按壓部位：一手中指壓在病人的一側乳頭上，手掌根部放在兩乳頭連線中點，不可偏左或偏右。另一手重疊其上，手掌根部重疊，雙手十指交叉相扣，確保手掌根部接觸胸骨正中位置。

按壓深度：5 ～ 6cm，或胸壁厚度的 1/3。按壓時，以觸摸到頸動脈搏動最為理想。

按壓頻率：100 ～ 120 次/分鐘。放鬆時，要使胸廓完全回彈、擴張。否則，會使回心血量減少，但手掌根部不要離開胸壁，以保證按壓位置始終準確。

按壓應有規律，按壓與放鬆的時間應相等。按壓時垂直用力向下，不能用衝擊式的猛壓。

此外，需要強調一點，除非實施必要的搶救操作，例如：去顫，或者因為需要轉運搬動外，實施胸外按壓時盡可能別停，一旦中斷胸外按壓，之前透過按壓所建立起來的脆弱的人工血流動力學就會被破壞，而且中斷時間越長，越難以很快恢復到之前的水平。實在不得已需要中斷按壓的時候，也盡可能縮短所消耗的時間，不要超過 10 秒鐘。

註釋

1　乾貨：指前輩或有實戰經驗的人，分享實用性高的經驗或技術。

胸外按壓最容易犯的10種錯誤

　　心肺復甦是搶救病人生命的重要方法和手段，掌握這一急救技能並不困難，只要經專業人士指導，多加練習就可以了。不過，挽救生命畢竟事關重大，急救措施千萬不能出錯。當有病人倒地、意識喪失、呼吸停止時，在救護車到之前，該出手時就應該出手，但是願意去做不等於會做，一定要掌握正確的姿勢。

　　我這裡歸納了 10 種胸外按壓常見的錯誤方式，目的不是讓大家錯上加錯，而是讓大家提高警惕，不要犯錯，提高施救的成功率。學習過心肺復甦的人也可以對照看一看是否犯過這樣的錯誤，有則改之，無則加勉。

① 按壓部位

正確：胸骨下半部，兩乳頭連線中點。

錯誤：向下容易使劍突軟骨受壓折斷導致肝破裂；如果偏左或偏右容易導致肋骨或軟肋骨骨折，造成氣胸、血胸。

② 雙手姿勢

正確：手掌根部重疊，雙手十指交叉相扣，確保手掌根部接觸胸骨正中位置。

錯誤：雙手手掌交叉，容易導致肋骨骨折。

③ 手臂姿勢

正確：兩肩正對病人胸骨上方，兩臂基本伸直，以髖關節（大胯）為軸，利用上半身的體重及肩、臂部的力量垂直向下按壓胸骨。

錯誤：兩臂不垂直，按壓力道就不均勻，容易導致按壓無效或骨折，身體前後搖擺式按壓更容易出現嚴重併發症。

④ 手指翹起

正確：十指交叉相扣，只有手掌根部接觸胸骨。手指翹起，不要壓到胸部，以保證用力垂直。

錯誤：按壓時除了掌根部貼在胸骨外，手指也壓在胸壁上，一同用力，容易造成用力不垂直，甚至造成肋骨或軟肋骨骨折。

⑤ 肘部姿勢

正確：兩臂伸直，肘關節不要彎曲，以保證用身體的重量垂直下壓用力。

錯誤：按壓時肘部彎曲，不能保證用身體的重量垂直下壓，容易疲勞，而且容易造成肋骨骨折。

⑥ 按壓深度

正確：按壓深度 5 ～ 6cm，或使胸壁厚度下陷 1/3 為宜。

錯誤：按壓深度不夠，心臟排血量減少；按壓深度過深容易造成肋骨骨折。

⑦ 手掌移位

正確：手掌根部不要離開胸壁。

錯誤：放鬆時抬手離開胸部按壓位置，造成下一次按壓部位錯誤，也有可能導致骨折。

⑧ 胸部回彈

正確：放鬆時使胸部完全回彈、擴張，按下去多深，抬起來就要多高。

錯誤：未回彈時，胸部仍承受著壓力，回心血量減少。

⑨ 騎跨式按壓

正確：站立或跪在病人身體的任何一側，身體對正病人乳頭位置，兩膝分開，與肩同寬。

錯誤：不能騎跨在病人身上，以免手掌按壓胸骨兩側，造成肋骨骨折，也不便於做口對口吹氣。

⑩ 復甦體位

正確：把患者放在堅實的平面上，擺放成仰臥位，凡不是仰臥位一律擺放成仰臥位，也叫作「復甦體位」。

錯誤：病人未仰臥在堅實的地面上，躺在軟床或沙發上，按壓深度不夠，造成心臟排血量減少。

心肺復甦是個力氣活，
一邊按壓一邊唱歌吧！

持續高質量胸外按壓是個非常考驗體力和耐力的技術。有些人初次進行心肺復甦搶救，精神高度緊張，難免動作不標準。即便是專業醫生，在每一次急診科或監護室裡幫病人進行心肺復甦時，都需要青壯年醫生和男護士們輪流按壓，平均 2 分鐘左右就要換一次人。

同時，患者發病大多數是在醫院以外的各種場所，等急救醫生趕過去的時候，患者多數是仰面朝天躺在堅硬的地上，而你是要跪在病人身體一側進行按壓，哪裡有舒適的急救環境呢？一線的急救醫生，因為經常參與搶救，什麼地方都跪過，兩個膝蓋都是厚厚的繭。在我進行心肺復甦教學的時候，有的學員第一輪操作練習結束後，膝蓋都是青紫的，後悔沒套上護膝。

對於非醫務人員，如何才能保證按照標準均速按壓是個難題。如果按壓速度太快，沒能等到心臟完全充盈，又按了下去，回心血量不夠，心排血量必然減少；按壓次數不夠，同樣心排血量減少。這又是救命的事，半點不能馬虎，應該怎麼辦？

這樣的情況下，我教給大家一個好辦法：一邊唱著歌，一邊按壓。

這時候還有心情唱歌？

唱歌的目的是跟著歌曲節奏按照每分鐘 100 ～ 120 次的標準均速按壓，不僅可以更好地掌握胸外心臟按壓的節奏、頻率，也可緩解心肺復甦操作時的緊張情緒。

根據《2010 美國心臟協會心肺復甦及心血管急救指南》推薦的按壓頻率，節拍為每分鐘 100 ～ 120 次的流行歌曲被廣泛地提議作為節拍器，來幫助按壓計數，已有一些被認證為 CPR 教育的培訓歌曲，包括比吉斯樂隊的 Stayin' Alive（《活著》）和拉爾夫·巴特勒的 Nellie the Elephant（《大象奈莉》）。

在新加坡，新加坡人的國歌《相信我吧，新加坡！》也非常符合按壓頻率要求。2014 年，中國的一項研究也證實了音樂《拉德斯基進行曲》輔助心肺復甦培訓，在幫助操作者合理控制胸外按壓頻率方面有顯著效果。

對流行音樂我這個歲數的人肯定不如年輕人熟悉，不過我可是有幾十年「戲齡」的戲迷哦，一般我會借鑑京劇的一些板式、唱段的節奏。

可能現在的年輕人，上面提到的那些歌大家一般不是很熟悉，國粹京劇年輕人喜歡的也不多，不過你可以試一試下面的流行歌曲：鳳凰傳奇的《最炫民族風》、蕭敬騰的《王妃》。

上歲數的人不了解這些歌曲，也可以試一試《運動員進行曲》、《解放軍進行曲》。

但需要悄悄提醒一句：這些歌曲你在練習心肺復甦操作時可以唱出聲來，但在真正搶救心臟驟停的病人時千萬別唱出聲，免得惹怒大家：「人家心跳都停止了，你還唱歌啊？」

口對口吹氣，是技術，更是科學

每連續做 30 次胸外心臟按壓之後，就該開放呼吸道。

暢通呼吸道，要採用「壓額提頦法」，我在前面已經介紹過。

有人說了，這太專業了，我的大腦說：「學會了」，可是我的手卻告訴我：「不，你不會」。那好吧，再告訴你四個字「鼻孔朝天」。這樣子就簡單多了吧！照著做就可以了。

呼吸道暢通之後，下一步就是口對口吹氣。施救者立即張開嘴將病人的嘴完全包嚴實，並用食指和中指捏住患者鼻孔，向病人肺內連續吹 2 次氣。每次吹氣應為 1 秒，然後鬆開緊捏患者鼻翼的手指，使氣流排出。

需要注意的是，胸外心臟按壓與口對口吹氣的頻率比應為 30：2，即是每做 30 次胸外心臟按壓，做 2 次口對口吹氣，就為一個循環。

每個人的身體狀況不一樣，吹氣量多少以看到胸廓起伏為準。如果急救現場有 2 名以上人員參與施救，應每 2 分鐘更換按壓者，並在 5 秒鐘內完成交換。

有網友好奇地問：「呼出來的都是二氧化碳，再給患者吹入，還能起作用嗎？」

　　是這樣的，空氣中氧濃度約為 21%，吸入肺後人體可利用 3% ～ 5%。也就是說，呼出的氣中仍含有 16% ～ 18% 的氧氣，這完全可以保證身體重要器官的氧供應，也足夠病人使用。

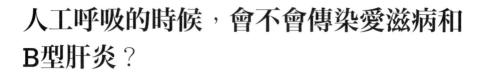

人工呼吸的時候，會不會傳染愛滋病和 B型肝炎？

進行心肺復甦操作時，口對口吹氣是重要的一環。然而，受一些電視劇的影響，一說到口對口吹氣，很多人想到的不是救死扶傷，而是「愛的供氧」。有的人甚至腦洞大開地問：「如果急救人員或者患者其中一方是某種病毒、細菌攜帶者，口對口呼吸會不會感染愛滋病或者 B型肝炎病毒？」

我們從頭說起。能夠去做，而且經常做心肺復甦的人主要有院前急救人員、院內的醫務人員、急救系統的工作人員、警察、消防隊員和其他願意幫忙的熱心群眾。

搶救就可能接觸到患者的體液，無論暴露於何種體液下，對急救人員和病人都有潛在的疾病傳播的可能。不過急救人員大多經過專業培訓，能夠避免接觸血液和體液。實際情況也證明，院前感染疾病的傳播風險不會高於院內。再者，愛滋病主要的傳播途徑包括性接觸傳播、血液傳播、母嬰傳播、人工授精等，不會通過唾液及身體的接觸方式傳播。僅管在醫務人員和病人之間有因輸血、沾血器械刺破皮膚傳播愛滋病的風險，但在心肺復甦中由於口對口呼吸而被傳播者未被證實。

對於 B型肝炎病毒，雖然直接的口對口進行心肺復甦會發生唾液

交換，但是 HBV（B 型肝炎病毒）陽性的唾液並未顯示可以由口腔黏膜、共用的污染器或 B 型肝炎攜帶者傳播。所以急救人員感染愛滋病或 B 型肝炎的可能性是很小的。理論上，唾液或空氣傳播的皰疹、腦膜炎雙球菌、空氣傳播疾病，例如：結核和其他呼吸道感染等情況的風險很大，但罕見皰疹由心肺復甦傳播的報導。

人工呼吸是心肺復甦最重要環節。

雖說是在緊急情況下救人，但是衛生問題仍然不可忽視。如果對傳染這樣的事情有顧慮，可在患者口上覆蓋一次性 CPR（心肺復甦術）屏障消毒面膜，然後進行口對口吹氣。這種面膜專門用於口對口吹氣時的唾液隔離、空氣過濾，防止病菌交叉感染。

如果沒有這樣的設備，在傷病員與施救者的口之間用透氣布料隔開，也可起到一定的防污染作用。

當然，如果您在做心肺復甦時不願吹氣，完全可不做口對口吹氣。早在《2000 美國心臟協會心肺復甦及心血管急救指南》中就曾指出，可以不做口對口吹氣，但一定要做胸外心臟按壓，以及別忘記撥打急救電話 119。

我不會心肺復甦，但我會掐人中哦！

　　生活中常有這樣事件，病人暈倒時掐人中能夠使他清醒，很多電視劇裡也是這麼演的。甚至有人認為掐人中可以代替心肺復甦。這種說法正確嗎？科學嗎？嚴謹嗎？

　　人中位於鼻唇溝的上 1/3 與下 2/3 交界處，被稱作急救昏厥要穴。掐人中是一種強烈的疼痛刺激，而對於單純性暈厥患者，不管掐不掐人中穴他都會醒來。對於中暑類患者，當務之急是盡快脫離中暑環境，採取適當措施使體溫接近正常。像腦出血、腦組織被血腫壓迫等患者處於昏迷狀態時，無論你如何掐人中，人都不會醒來的，需要醫療介入才能解決問題。所以說掐人中起到的只是疼痛刺激作用，對患者沒有救治價值。

　　實際上，掐人中一旦做得不對，很可能造成致命性傷害。例如：掐人中時摳住下巴的手往下使勁用力按壓，極有可能造成病人的舌頭堵塞呼吸道，引起窒息。

　　病人昏迷時有可能伴有嘔吐物，按壓不正確使得呼吸道閉合，可能使分泌物周圍的小空檔也被堵住了，使患者窒息缺氧死亡。針對牙齒

鬆動或戴假牙的老年人採用掐人中的方法，同樣可能造成牙齒脫落，掉入呼吸道之中導致窒息。另外，最需要強調的是「時間就是生命」，如果病人心臟驟停，必須分秒必爭地開展現場心肺復甦。如果關注點只放在掐人中上，延誤了寶貴的搶救時機，病人可能會有性命之虞。

還有一種說法，當心臟病猝發，馬上脫掉襪子，用手縫針分別刺破 10 個腳趾尖，然後各擠出一滴血，不用等擠完 10 個腳趾尖，病人就會活過來。

這種說法就更荒唐了，千萬別相信。刺血這個過程僅僅是刺破皮膚的毛細血管，擠出其中一滴血，不管刺什麼部位，都不會產生急救效果。

實際上，一些所謂的民間療法沒有作用，急救還是要相信科學。

不放棄！
心臟驟停一般至少持續搶救30分鐘

進行心肺復甦，持續搶救至少需要多少時間呢？一般來說，對心臟驟停者就地進行及時、正確的心肺腦復甦，至少需要搶救 30 分鐘。如果仍然無效，只能放棄。

我這裡舉兩個例子。2014 年 10 月 28 日，一名南京大學食堂的工作人員在上班時突然暈倒，心跳呼吸驟停，被緊急送往南京鼓樓醫院。搶救室的醫護人員立即圍了上去，緊急不間斷地胸外心臟復甦按壓、暢通呼吸道、電去顫、生命體徵監測、靜脈補液……2 小時之後，這個 19 歲的年輕人成功獲救。

另外一個案例。2004 年 8 月 7 日，一位心臟停搏長達 3 小時的急性心肌梗塞合併肺栓塞患者，經過北京安貞醫院醫師們 3 小時心肺復甦和兩次溶栓後，遠離了死神，而且恢復了正常的生活和工作能力。

在心肺復甦過程中，如果心跳、呼吸、意識一直不恢復，也不可能無休止地搶救。經過 15 分鐘以上搶救，患者仍無任何反應（深昏迷、無自主呼吸、腦幹反射全部消失），這說明已經腦死亡，即可終止搶救。否則，不能放棄搶救。

實際搶救工作中，很多患者經過 15 分鐘的搶救，甚至超過 30 分鐘的搶救，仍持續無任何反應，再繼續搶救也是不可能起死回生的。向患者家屬告知患者死亡或終止搶救，是每個醫生最頭痛的事。醫生都不願在此刻去面對家屬，但又必須去面對。因此，各醫院一般在明知救不活的情況下，心肺復甦的時間依然超過 30 分鐘才終止搶救，這主要是為了減少醫患糾紛。

　　持續心肺復甦 1 小時甚至 2 小時以上搶救成功的病例，之前偶然見媒體報導。這是由於患者搶救及時，在前 15 分鐘內有了反應，再繼續搶救才有不同程度的生命反應。

AED是作什麼用的？

2020 年 11 月底，「AED 進北京地鐵」工作啟動，地鐵 1 號線 22 座車站當日完成 AED 設備的實地安裝。據介紹，2022 年底前，中國北京市的地鐵站將實現 AED 全覆蓋。大好消息讓包括我在內的眾多急救專家感到非常高興，我們呼籲多年的事情終於有了著落。

這件事為什麼重要呢？因為地鐵站和車廂都屬於密閉空間，上班高峰期人員眾多，空氣流通不暢，人體往往會出現缺氧狀況，再加上人們在趕地鐵時心情緊張，使得各大城市的地鐵站成了猝死的高發場所。2019 年，北京地鐵 2 號線一名男乘客心臟病突發，地鐵站內未安裝 AED。雖然地鐵工作人員、急救人員參與了搶救，但仍未能救回性命。實際上，包括北京地鐵站在內的中國各大地鐵站，屢有猝死的新聞傳出，真的很讓人痛心。

AED 是什麼意思？作什麼用的呢？

AED 是英文 Automated External Defibrillator 的縮寫，翻譯過來就是「自動體外去顫器」，體積小、重量輕，便於攜帶、易於操作、使用安全，稍加培訓即能使用，是專門為非醫務人員研製的急救設備。

AED 不僅是急救設備，更體現著一種新的急救理念，只有在全民普及心肺復甦徒手操作基礎上，大力推廣 AED 的安裝、使用，才能大幅提高中國心肺復甦成功率。

AED 在歐洲、北美，以及日本、新加坡等亞洲的一些國家與地區，早已家喻戶曉。在機場、火車站、體育場館、學校、商業街區、酒店、辦公大樓、公司、政府機關等人員密集場所，以及警車、消防車、民航飛機，甚至不少家庭都普遍安裝了 AED，使得猝死的搶救成功率提高幾倍至幾十倍。在一些發達國家和地區，連小學生也掌握了 AED 的操作方法。

由於急救意識的缺乏，AED 在中國還遠未普及，甚至很多人都沒聽說過 AED。因未普及 AED 有許多生命錯過了急救，這實在是太令人感到遺憾了。

根據 2020 年 8 月發表在《中華急診醫學雜誌》上的《中國 AED 布局與投放專家共識》中的數據顯示，平均每 10 萬人中，美國擁有 AED700 台、日本 276 台，而中國每 10 萬人中，深圳 17.5 台、海口 13 台、上海浦東新區 11 台、杭州 5 台。

沒有對比就沒有傷害啊！

作為急救醫生，我是全中國較早呼籲在公共場所安裝使用 AED 的人，近些年來，一直不遺餘力地為 AED 的普及而奔走。我出門隨身攜帶 AED，例如：出差去外地、去劇院看戲，也都隨身帶著 AED。

我們希望中國每個地鐵站都安裝 AED，根據人數及急救需求等因素，可以按照「每 10 萬人配置 100 ～ 200 台 AED」的原則，將 AED 配備到公共場所，包括學校、交通運輸站、機場、火車站、高鐵站、汽車站、地鐵站、醫療機構、體育場館、大型超市、百貨商場、影劇院、遊樂場，乃至高危人群家庭。

但也不僅限於此，我們希望開展全民心肺復甦基本技能培訓，特別是要對地鐵、車站、機場等公共場所工作人員，以及警察、消防員開展培訓，學生也是最應該培訓的人群。全民能否學好急救，關係著我們每個人的生命安全。

AED操作很簡單，只要有手就能用好它

要想搞清楚 AED 的工作原理，先要說一說什麼是室顫。

心臟正常跳動時，呈規則的收縮和舒張，以泵出和回收血液，心肌的收縮和鬆弛是協調統一的。當心臟剛剛發生驟停時，心肌的舒縮功能變得紊亂，即出現心律失常。最常見、最致命的是心律失常，也是室性纖維顫動，簡稱室顫。心室肌快速或微弱地收縮，再或不協調的快速亂顫，使得心臟喪失了泵血功能，造成心音、脈搏和血壓消失，心、腦等器官和周圍組織的血流灌注完全中斷，心臟已經不能泵出血液，危及生命。

胸外心臟按壓雖能為重要器官提供暫時的供血，但不能改變心室的顫動，要矯正室顫，唯一有效的方法就是電擊去顫。去顫越早，成功率越高，如能在 1 分鐘內完成去顫，成功率可達到 90％，而每延誤 1 分鐘，成功率便下降 10％。如果發病時正好在醫院裡，或者在戶外公共場所，現場能夠立刻拿到 AED 搶救，讓心臟的竇房結重新開始工作，那真是太好了。當然這樣的機會可遇不可求啊！

AED 是專業救生設備沒錯，但專業不代表一般人就不會使用。

AED 就是給非專業人員使用的，相當於照相機中的傻瓜相機，操作很簡單，只要按照 AED 機器的語音提示進行操作，就完全可以搞定。心肺復甦操作時未經專業培訓，可能操作不當，但是使用 AED 完全沒有問題。AED 還是很聰明的機器，它會自動分析心律，如果發現心臟工作很正常，它根本不會放電，所以不用擔心觸電。

具體操作為下：

第一步，開機。按語音提示操作。

第二步，貼電極片。按照語音提示和圖示，分別把電極片貼在右側鎖骨和乳頭之間、左側乳頭左下側。

第三步，AED 自動分析心律。如果需要去顫，AED 會自動充電。

第四步，去顫。然後按照語音提示按下「放電鍵」去顫。

去顫結束後，連續按壓 2 分鐘，AED 會再次分析心律，根據分析結果，會有相應的語音提示，再進行下一步的操作。

年齡不是資本，
健康才是最大資本

提防心絞痛，更要提防急性心肌梗塞

如果生活方式不健康，動脈血管會逐漸發生硬化，通過的血流就會減少，相應的組織器官也會處於長期、慢性的缺血狀態。動脈硬化可以發生在許多部位的動脈血管，發生在冠狀動脈，則為「冠狀動脈粥樣硬化性心臟病」，簡稱「冠心病」，亦稱缺血性心臟病。

冠心病的臨床類型中，兩種類型較為常見：一個是心絞痛，由於冠狀動脈發生痙攣，造成冠狀動脈狹窄，使得冠狀動脈血流灌注減少，相應的心肌急劇、短暫缺血、缺氧導致胸痛；另一個是冠狀動脈內血栓形成血管完全堵死，使得心肌嚴重、持久缺血，繼而壞死，是人類最兇險的急症之一，也是猝死的第一原因。

急性心肌梗塞的臨床表現差異極大，有的發病十分兇險，迅即死亡；有的表現輕微或不典型，甚至沒有胸痛，則未引起重視從而就醫，有的則發生猝死，有的演變為陳舊性心肌梗塞。

胸痛是急性心肌梗塞最先出現和最主要的症狀，典型的部位為心前區或胸骨後疼痛，可伴有壓榨感、緊縮感、燒灼感、窒息感、恐懼感、瀕死感等；還可能出現噁心、嘔吐，臉色及口唇青紫、大汗淋漓、煩

躁不安等，甚至發生致命性心律失常（尤其心率超過 120 次 / 分鐘，或低於 50 次 / 分鐘，必須高度重視，這可能是猝死的前兆）、急性左心衰竭（突發呼吸困難、不能平臥）、心源性休克（血壓下降、皮膚花斑、濕冷），以致猝死。胸痛的持續時間常超過 30 分鐘，甚至長達 10 餘小時，含服硝酸甘油無效。

牙疼竟然是急性心肌梗塞所引起的？

　　我在前面提到，急性心肌梗塞十分兇險，胸痛就是急性心肌梗塞最先出現和最主要的症狀，典型胸痛的部位為心前區或胸骨後，並且疼痛可能向肩、臂和背部放射。心前區或胸骨後在什麼位置呢？人的心臟相當於本人拳頭大小，位置在胸腔正中偏左，大約 2/3 在胸部左側，就是心前區的位置；1/3 在胸部右側，恰恰就在胸骨後。

　　胸痛，這種典型症狀出現後，一般會引起人們的警惕，但是急性心肌梗塞也常有不那麼明顯的表現。有的病人表現輕微，甚至部分高齡老人、糖尿病病人、女性病人無胸痛的感覺，或僅有胸悶等感覺；還有一些病人疼痛的部位不典型。

　　舉個例子，我的病人王先生在睡眠中覺得牙疼，即便吃了藥，疼痛也沒有絲毫緩解，就去一家口腔診所想拔牙了事。牙科醫生詢問後，了解到王先生的脖子和胸部有燒灼感，建議他安排照一個心電圖。這一照，居然是「急性心肌梗塞」。這種牙痛，醫學上稱之為「心源性牙痛」。「心源性牙痛」是「非典型」急性心肌梗塞或心絞痛的一個特殊類型，原因主要是心肌缺血、缺氧時心內感覺神經纖維反射到大腦皮

質過程中發生錯位而導致牙痛或牙頜痛。患者以中老年人居多，他們大多伴隨著不同程度的冠心病症狀，或有冠心病及高血壓病史。

牙疼竟然是急性心肌梗塞所引起？

　　其實，不光是牙齒疼，有些患者還會有右胸、咽部、下頜、頸部、肩部、背部、上腹部等部位疼痛，這些都是急性心肌梗塞的不典型症狀。如果有這些症狀的同時，還出現了不明原因的暈厥、呼吸困難、休克等，就應首先想到可能是急性心肌梗塞發生了，應馬上撥打急救電話 119，千萬不要掉以輕心。

輔導作業都能氣出心肌梗塞，
年輕人你還不當回事嗎？

　　不寫作業，母慈子孝；一寫作業，雞飛狗跳。這是當下很多父母輔導孩子的真實寫照。前幾天看到一個影片報導，有一位中國深圳的家長，輔導小學三年級的兒子寫作業，只見他口沫橫飛，同一道題講了無數遍，孩子還是一臉懵。暴怒中的老父親覺得胸口一陣絞痛，突然眼前一黑，暈過去了。到醫院經過檢查，診斷為急性心肌梗塞。

　　急性心肌梗塞已經是冠心病的嚴重類型了。除了上面說過的不良生活習慣等原因，即使沒有顯著的冠狀動脈粥樣硬化疾病基礎，也會因應過激（悲傷、激動和過度興奮等）產生持久的胸痛，表現為心肌梗塞樣的臨床症狀。

　　心肌梗塞可不是老年人的專利。我以前救過的急性心肌梗塞患者裡，就有一個 23 歲的年輕人。近年來，急性心肌梗塞有年輕化趨勢，而且 30 歲的人發生心肌梗塞要比 60 歲的人更危險，但並不是說中老年人不是急性心肌梗塞的高發人群，依然是。隨著年齡的增長，血管逐漸硬化、狹窄，血液黏稠度增加，脂質代謝紊亂，這些都是冠心病的危險因素，所以中老年人更容易發生心肌梗塞。

60 歲發生心肌梗塞的人，可能他在 30 多歲就逐漸開始出現冠狀動脈硬化了，已經建立起了相對完善的側枝循環，一旦冠狀動脈內形成血栓，血液流不過去的時候，側枝循環就會開放，讓血液經側枝循環通過，這樣心肌壞死的範圍相對小一些；而 30 歲的人突發心肌梗塞，冠狀動脈的側枝循環還沒來得及建立，就會更加地兇險。

　　人體內的血管好比中國北京的交通，大動脈就是長安街、平安大道，而側枝循環就是一條小巷子。一旦長安街擁堵了，聰明的司機會選擇小巷子，從旁路繞道而行。我們的身體也有這種類似的神奇的自我調節機能，如果某個地方的血管堵了，時間長了，便會自己慢慢建立起一些側枝循環來進行疏導。

　　所以，年輕人只有關注、愛護自己的身體，保持良好的生活方式，擁有健康的體魄，才能擁有美好的人生。

心絞痛和急性心肌梗塞分別如何急救？

心絞痛發病如何急救呢？

首先要想辦法讓患者立即去除誘因、穩定情緒、安靜休息，避免再受刺激。其次如果患者正在運動或勞動，那就立即停止體力活動；如果患者情緒激動，一定盡力讓他恢復平靜。這樣，可以降低心肌的耗氧量。注意讓患者保持體位舒適，保暖很關鍵。

舌下含服硝酸甘油 0.5mg 就更好了，一般 1 ～ 3 分鐘就會見效。

如果有資源的話可以吸氧，增加心肌的供氧。

我再講一下，急性心肌梗塞急救的方法。

立即「就地」休息，千萬不要隨意走動或由別人搬動病人，以防止增加心肌耗氧量、加重心臟負擔而加重病情。

可以給病人吸氧。

如果高度懷疑是急性心肌梗塞，就不宜服用硝酸甘油，硝酸甘油對急性心肌梗塞沒有治療作用，甚至在某種情況下會加重病情。

可以依情況嚼服阿斯匹靈 300mg，防止血栓擴大、防止新的血栓形成，可限制心肌梗塞範圍。但要注意的是，如果對阿斯匹靈過敏，或有主動脈夾層、消化道出血、腦出血等病史的話，就不能服用阿斯匹靈了。

當然，最重要的還是立即撥打急救電話 119，經醫生穩定病情，所以達到轉運條件之後，要盡快送往醫院。

如果病人發生了心臟驟停，要立即對病人進行心肺復甦，盡早使用 AED。

急救時如何使用硝酸甘油，
讓其發揮最大功效？

提起硝酸甘油，幾乎人人都聽說過，很多朋友家裡也常常備著這種藥。但到底什麼時候才會使用硝酸甘油呢？具體怎麼用？有什麼需要注意的事項呢？

這麼一認真起來，很多朋友就含糊了，拿不準到底是怎麼回事。

今天我們就來說說，硝酸甘油到底怎麼用？

首先應該知道，硝酸甘油僅對心絞痛、心衰的病人有效，而對急性心肌梗塞無效，這一點恰恰是心絞痛與急性心肌梗塞的鑑別點之一。

通常當胸痛發生時，人們往往不好鑑別究竟是心絞痛，還是急性心肌梗塞。

如果考慮是心絞痛，第一時間可選硝酸甘油 5mg（一片）舌下含服，一般 1 ～ 3 分鐘出現效用，作用可維持 10 ～ 15 分鐘。必要時，可重複數次使用，但勿使血壓低於安全範圍。如果症狀沒有緩解，那就要考慮到也許不是心絞痛，而是急性心肌梗塞，也應考慮是否為冠心病以外的，以胸痛為表現的其他疾病，或者由藥物過期引發等因素。

在含服硝酸甘油的時候，需要特別注意的是，它本身有降低血壓的作用，如果家裡有條件，並備有血壓計的，患者應該在服用硝酸甘油之前先測量一下血壓。

如果是急性心肌梗塞，患者往往血壓會下降，甚至出現休克症狀，這時候再用硝酸甘油，會使血壓進一步下降，可能隨時危及生命。因此，在患者使用硝酸甘油的過程中不能使血壓低於安全範圍。

具體來說，如果患者平常的收縮壓是 120mmHg（1kpa=7.5mmHg），發病的時候是 140mmHg，那就可以大膽使用硝酸甘油。但如果平時收縮壓是 120mmHg，發病時卻只有 100mmHg，那就千萬別用硝酸甘油了，否則非但不能治病，反而會雪上加霜，加重病情。服藥後，如果患者感覺頭暈、心慌、臉色蒼白，應該立刻測量血壓，如果血壓低了，馬上停藥，平臥。

還需要注意的是，硝酸甘油服用時是舌下含服，不是用水吞服到肚子裡，因為只有舌下含服，才能迅速吸收、出現效果。另外，硝酸甘油一定要避光存放。同時它也有有效期，到期前換成新的，別等緊急時刻需要用了，一看過期無效就麻煩了！一些心臟病患者可能還會用另一種藥——速效救心丸。這裡我建議還是首選硝酸甘油。

如果考慮是急性心肌梗塞，那第一時間一定要撥打急救電話 119，千萬不要自己去醫院，以免發生危險。

判斷心跳是否停止，抓起手腕就摸脈？

觸摸脈搏是用手指感覺脈搏的跳動，心臟跳一次，脈搏也跳一次。正常情況下，心臟每分鐘跳動 60 ～ 100 次。

手腕部的脈搏叫作橈動脈。如果判斷一個人是否有心跳，透過檢查患者的橈動脈是否搏動，再決定是否搶救，這種做法是大錯特錯的。即使橈動脈搏動消失，也不意味著心跳停止。

這是因為患者休克時，橈動脈可能觸摸不到，但患者依然有心跳呼吸。有一種免疫系統異常的疾病叫高安氏動脈炎，多發於年輕女性，可引起不同部位動脈狹窄、阻塞，少數可能導致動脈瘤。

這種病症也觸摸不到橈動脈，但人依然有呼吸。當橈動脈受到壓迫，血液流動不暢通的時候，橈動脈跳動就會變得非常微弱。還有一種神奇的現象，可能是反關脈，這是一種生理性變異的脈位，脈搏反長在橈骨外側，當然也摸不到。金庸小說《天龍八部》中提到，保定帝段正明和段正淳，以及段譽都是反關脈。如果大家感興趣可以找來閱讀。

扯遠了。我認為，判斷心跳是否停止，觸摸頸動脈才是正確、可靠而又簡便易行的方法。因為頸動脈不但粗，而且離心臟近，搏動強大有力，且位置顯露，也方便觸摸。

　　頸動脈位於「大脖筋」的內側緣，也就是在頸部氣管與頸部肌肉之間的凹陷處。觸摸頸動脈的方法是，搶救者用一隻手的食指和中指尖併攏，放在患者甲狀軟骨正中部位（相當於男性喉結的部位），然後向靠近搶救者的一側滑移 2 ～ 3cm 至胸鎖乳突肌內側緣的凹陷處，向頸椎的方向按壓，觸摸 5 秒鐘後，再觸摸對側頸動脈 5 秒鐘，確定有無搏動。

觸摸頸動脈時須注意：

　　觸摸頸動脈不能用力過大，以免頸動脈受壓，妨礙頭部供血。另外，位於頸動脈的頸動脈竇受壓可以反射性地引起心跳停止，切記不可同時觸摸雙側頸動脈；如果觸摸不到頸動脈搏動，說明心跳已經停止，要迅速進行胸外心臟按壓，直到專業救護人員到來。

平時很正常，突然休克倒地是怎麼回事？

休克是由於各種原因導致的一種嚴重的病情兇險的訊號，如果不及時搶救可能迅速危及患者生命。休克最常見的原因就是嚴重失血。無論是急性大出血導致失血過多，還是內出血、外出血，都會導致失血性休克。一般失血量超過 1.2L，約占全身正常血容量的 20% 就會出現休克現象。

除急性大出血導致休克之外，其他常見的原因，例如：急性心肌梗塞也可能導致休克。由於心肌壞死使得心排血量下降、心律失常、滿身大汗、嘔吐、劇烈胸痛等原因，都會導致休克；嚴重燒傷早期因大量的滲出導致血容量不足，嚴重的嘔吐或腹瀉造成體液流失導致的低血容量休克；藥物過敏也可能引起過敏性休克。

休克的表現以血壓下降和周圍循環障礙為特徵，例如：意識模糊、表情淡漠、焦慮不安、反應遲鈍；膚色蒼白、四肢濕冷、呼吸急促；脈搏細弱、增快或觸摸不到；血壓下降或測不到；少尿或無尿等等。嚴重的休克可迅速危及生命。

就休克的現場急救，我與大家聊一聊。

❶ 出血性休克。如果有出血，尤其有活動性出血，首先要立即採取有效的止血措施。

❷ 休克患者應該平躺，拿掉枕頭，抬高雙下肢，這樣有利於靜脈血回流，改善頭部和重要臟器的血液供應。心源性休克同時伴有心力衰竭的患者，呼吸困難不能平臥，根據情況可取半臥位，以利於呼吸。解開頸部、胸部和腰部過緊的衣物，減少壓迫。

❸ 如果患者出現噁心反應，可將患者的頭部偏向一側，以防止嘔吐物吸入呼吸道而造成窒息。

❹ 注意保暖，休克患者體溫降低、怕冷，應注意保暖。如果是感染性休克常伴有高熱症狀，那麼要先降溫，可在頸、腹股溝等處放置冰袋，或用酒精擦浴。

❺ 撥打急救電話 119。在等待救援期間，每隔 10 分鐘檢查並記錄一次患者的意識、呼吸、脈搏、血壓等。

突然陷入昏迷狀態，怎麼進行急救？

說完休克再說昏迷。昏迷是由於各種原因導致的腦功能受到嚴重、廣泛的抑制，主要表現為意識喪失，對外界刺激，例如：呼喚、強光、痛覺刺激等，不發生反應，不能被喚醒。

昏迷有可能是突然地喪失意識，也有可能是逐漸喪失意識，臉色改變不大或臉色潮紅，呼之不應、推之不醒，但還有微弱呼吸和心跳。

引起昏迷的原因眾多。腦部疾患，例如：急性腦血管疾病（包括腦出血、腦梗塞等）、顱腦損傷、顱內腫瘤、腦炎、中毒性腦病、嚴重腦缺氧等；全身性疾患，例如：急性酒精中毒、急性一氧化碳中毒、重金屬中毒、有機磷農藥中毒，糖尿病昏迷、尿毒症昏迷、肝昏迷、肺性腦病，以及腦垂體、腎上腺和甲狀腺病變昏迷等。但是對於一般人來說，判斷是否昏迷比較容易，而昏迷的原因往往不太好判斷。

那麼昏迷急救怎麼處理呢？

無論引起昏迷的原因是否清楚，均應這樣緊急處理：

❶ 保持安靜，避免不必要的搬動，尤其要避免頭部震動。

❷ 清理口腔內的嘔吐物、分泌物，如果有假牙也要立即取出，確保呼吸道暢通。採取「穩定側臥位」，鬆解腰帶和領扣。此刻，不要餵水、餵藥。應注意保暖，防止著涼。對於躁動者應加強防護，避免墜地。

❸ 一旦發生心臟驟停或呼吸停止，立即進行心肺復甦操作。及時撥打急救電話 119。

❹ 另外，在運送途中要讓患者保持呼吸道暢通，須密切觀察呼吸、脈搏、血壓等。

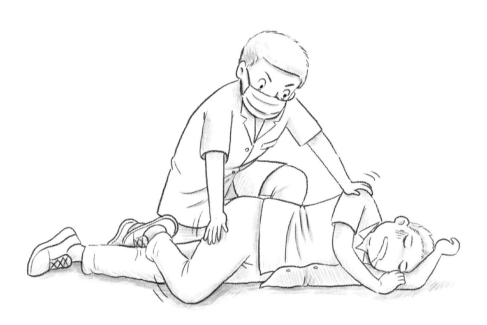

讓昏迷者「穩定側臥位」，保持呼吸道暢通。

突然暈厥，如何進行緊急救援？

和前兩種症狀相比，暈厥相對較輕，是因為多種原因導致的短暫性腦缺血、缺氧引起，表現為一種突發性、一過性的意識喪失而跌倒，並在數秒至數分鐘內自行清醒。昏迷意識喪失時間較長，恢復較難；而休克早期無意識障礙，周圍循環衰竭徵象明顯而且持久。

暈厥在日常生活中十分常見。例如：站立時間長、過度疲勞又沒休息好、天氣悶熱空氣污濁、洗熱水澡時間較長等等。這些誘因使患者全身小血管擴張，造成血壓下降，大腦缺血暈厥。

除去以上單純性暈厥，還有一種低血糖暈厥，多由於饑餓、營養不良，或原有糖尿病服用降糖藥物後未進飲食等原因造成。有資源的，可以及時測定血糖。其他原因還有心源性暈厥、腦源性暈厥等。

患者在暈厥發生前，往往會有頭暈、眼前發黑、視力模糊、心慌、胸悶、噁心、冒冷汗、臉色蒼白、全身無力、饑餓等前兆，然後突然失去意識，跌倒在地。

暈厥的急救方法：立即讓患者平躺下，雙下肢抬高，以保證腦部血液供應。解開較緊的衣領、褲帶，使患者處於有利於呼吸的狀態，確保呼吸道暢通。

如果是由於低血糖造成的暈厥，待患者意識清醒後，可喝點糖水、吃點食物，一般可很快好轉。如果低血糖較嚴重、處於昏迷狀態的，應取側臥位，不要灌水給他們喝，或是餵食物、餵藥物等，以防止發生窒息，並撥打急救電話 119。

如果有急性出血或嚴重心律失常的表現，例如：心率過快或心率過慢，或反復發生暈厥，暈厥時間超過 5 分鐘，應立即撥打急救電話119，到醫院查清楚發生暈厥的原因，並進行後續治療。還應該仔細檢查有無摔傷、碰傷，例如：發生出血、骨折等情況，應作相對應的處理。

如果患者意識迅速恢復、思維正常、言語清晰、四肢活動自如，且血壓、呼吸、脈搏正常，除全身無力外，無其他明顯不適，一般不需要特殊治療。注意清醒後不要讓患者馬上起身，待全身無力好轉後逐漸站起來，並且在站起來後再觀察幾分鐘，才能讓他們行走。

易發生昏厥的患者，尤其是老人，切勿單獨外出行動，更不要自行爬高、過橋、過十字路口等，避免因精神緊張誘發暈厥。

四肢大動脈破裂大出血，
用這招止血最管用

體重 60kg 的成年人，血液總量約為 4.8L。當出血量達到全身總血量的 20% 時，則可能發生休克；當出血量達到全身總血量的 40% 時，則可能迅速危及生命。

急性大出血是人體受傷後早期致死的主要原因。如果心臟、胸主動脈、腹主動脈、頸動脈、鎖骨下動脈、肱動脈，以及股動脈等大血管破裂導致大出血，往往來不及送往醫院，可在數分鐘內死亡；中等口徑的血管破裂出血，也可迅速導致休克，進而危及生命。因此，在現場採取及時、有效的止血措施，是挽救生命最首要的環節。

下面我就介紹幾種適用於四肢大動脈破裂大出血時的重要救命方法——止血帶止血法。

止血帶止血法中最簡單、最方便的是絞緊止血法。

因為絞緊止血法可以就地取材。具體這樣操作：結紮部位選在傷口近端，這個「近端」指的是傷口靠近心臟那一端。例如：上肢出血，先將用布類折疊成四橫指寬的條帶放在上臂的上 1/3 段，注意不能結紮

在中 1/3 段及以下部位，這樣做的目的是避免損傷橈神經。如果下肢出血，那就結紮在大腿中段至大腿根之間。

平整地將止血帶的兩端向後環繞一圈作為襯墊，並在下面交叉。交叉後向前環繞第二圈，並打一活結；將一小棒插入活結下面，當然小棒可用鉛筆、筷子、勺子等代替，然後旋轉小棒，至遠端動脈搏動消失；再將小棒的另一端插入活結套內，將活結拉緊；最後將條帶兩端環繞到對側打結即可。

當然，**也可以用橡皮止血帶止血法。**這裡需要用到一條空心橡皮管，例如：聽診器的膠管，約 80 ～ 100cm 長。如果用於下肢止血，橡膠管最少也要雙股才行。在準備結紮的部位加好襯墊，以一手拇指與食、中指拿好止血帶一端 5 ～ 10cm 處，另一手拉緊止血帶，壓住止血帶的起始端；纏繞第二圈，用食、中指將止血帶的末端向下拉出即可；再將止血帶末端穿入結內拉緊，使之不會脫落。

使用止血帶，有一些細節要注意：應先用三角巾、毛巾或衣服等做成平整的襯墊墊好，不要直接結紮在皮膚上。

止血帶鬆緊要適度，以停止出血或遠端動脈搏動消失為準。過緊可造成局部神經、血管、肌肉等組織的損傷；過鬆往往只壓迫住靜脈，使靜脈血液回流受阻，而動脈血流未被阻斷，形成有動脈出血而無靜脈回流，反而使得有效循環血量更加減少，從而導致休克或加重休克，甚至危及生命。

結紮好止血帶後，盡快將傷員送往有資源的醫院進行救治。

這個算是最簡單的急救方法了

對於小動脈、靜脈、毛細血管的出血，有一招特別簡單，但是非常實用的方法，就是一個字：壓！在傷口覆蓋敷料或手帕等，以手指或手掌直接用力壓迫，一般數分鐘後，出血往往可以停止，然後加壓包紮。加壓包紮是在傷口覆蓋較厚敷料後，再用繃帶或三角巾等適當增加壓力包紮。包紮完畢，過數分鐘後，將兩側肢體末端對照，如果傷側遠端出現青紫、腫脹，說明包紮過緊，應重新調整鬆緊度。

這些只是相對不太嚴重情況下的止血方法，如果是動脈大出血怎麼辦？除了上面提到的方法之外，還是這個字：壓！

40 多年前，我曾救助過一位女士，當時她經過一家商店，一塊護窗板從高處垂直落下，正好砸在她的頭上，人當時就倒下了，血噴出約一公尺高。我當時在馬路對面一家書店裡看書，看到這個情況後立即衝了過去。

這時受傷的女士已經昏迷，被路過的行人抱住，但鮮血還在噴射。我迅速從口袋裡掏出一塊乾淨的大手帕，折疊幾下，一手用手帕用力壓住受傷女士正在噴血的傷口，另一隻手的拇指壓在傷側的顳淺動脈

部位，噴泉般的出血立刻被止住了。此時更多路人過來幫忙，很快將傷者送往醫院。

第二天，我詢問昨天受傷女士的情況。醫院值班護士說，受傷女士顱骨凹陷骨折、大出血，幸虧幾位好心人採取止血措施，及時送到醫院，已經救回來了。

無論是什麼血管破裂出血，通常都可以採取直接壓迫出血部位的止血方法，這是現場急救中應用機會最多、最易掌握、最快速、最有效的即刻止血法。

止血操作有幾個要點，是重中之重：

❶ 脫去或剪開衣物，暴露傷口，檢查出血部位。然後根據出血的部位和出血量，採取不同的止血方法。

❷ 對於嵌有異物或骨折端外露的傷口要採取直接壓迫止血，不要去除被血液浸透的敷料，而應在其上面直接壓迫止血。

❸ 肢體被出血應將受傷的部位抬高到超過心臟的高度。

❹ 處理傷口時盡量戴醫用手套，否則必須用肥皂洗手，也可墊上敷料、乾淨布片、塑膠袋等作為隔離層。

急救時傷口包紮是越緊越好嗎？

　　包紮，是外傷現場急救的重要措施之一，可以起到止血的作用，可以保護傷口避免繼續損傷和污染，也可以起到固定敷料、減輕傷者痛苦的作用。

　　包紮有一些基本要求，避免碰觸傷口，免得加重損傷、出血、污染與痛苦；盡可能先用無菌敷料或乾淨的手帕、毛巾等覆蓋傷口，再進行包紮；避免在受傷部位、在坐臥時受壓的部位打結，免得加重傷員的痛苦；包紮四肢時，手指或腳趾最好暴露在外面，以便觀察。

　　傷口包紮是越緊越好嗎？顯然不是。太鬆了容易脫落，發揮不了包紮的作用；包紮過緊，則會影響傷口供血、傷口癒合，可能造成神經、血管、肌肉等組織的損傷，甚至造成局部壞死，後果更加嚴重。

　　我在急救工作中就遇到過這樣的事。

　　在一個建築工地，有個工人的手被割傷了，傷口很深，動脈斷了，出血較嚴重。工友們拿建築工地上綁鋼筋的 8 號鉛絲當作他的止血帶，還用鉗子給緊緊擰住。血倒是止住了，但是那個工人的整隻手變成了

黑紫色。我趕緊重新用橡皮止血帶，並將 8 號鉛絲拆了下來。幸好時間不長，如果當時鉛絲捆得時間過長，那麼工人的手可能不但治不好，而且很可能要截肢。因此，鉛絲、電線、繩子等沒有彈性的東西都不能當止血帶使用。

所以大家都明白了吧？包紮要鬆緊適度。**什麼樣算適度呢？以停止出血或者遠端動脈搏動消失為準。**

包紮時，還有一些注意事項，例如：動作要迅速敏捷，別觸碰傷口，以免引起出血、疼痛和感染。急救現場別用污水沖洗傷口，傷口表面的異物應去除，但深部異物須運至醫院取出，防止重複感染。

如果在體檢時，暈血、暈針怎麼辦？

生活中常見暈血、暈針的人，有的甚至是五大三粗[2]的漢子，暈針那一刻像個孩子。我們倒也不必嘲笑他膽小，因為暈血、暈針是正常的生理反應，不是膽小的原因，也與性格無關。不少患者既往有類似發作，少數有家族史。

暈厥病人往往表現出臉色蒼白、出冷汗、頭暈、眼花、耳鳴、噁心及上腹部不適等，更有的人持續數 10 秒至數分鐘後突然喪失意識倒地、血壓降低、脈緩而弱（脈搏 40 ～ 50 次 / 分）、瞳孔放大、對光反射減弱、偶有遺尿。這種突然意識喪失，叫單純性暈厥，也叫血管抑制性暈厥，這種意識喪失是一過性的，也是條件性暈厥。

一般說來，年輕女孩、體質較弱的人尤其容易暈血、暈針。發生疼痛、緊張、恐懼，或者見血、注射針劑、做個小手術等都容易引發暈厥。另外，氣候悶熱、疲勞、饑餓和失眠等也是暈厥的誘因。出現這些狀況時，體內的小血管突然擴張。由於小血管遍布全身，數量很多，突然擴張，回流到心臟的血液減少，心臟輸出血量也就相對應減少，導致腦部神經缺血，引起暈厥。

暈血和暈針的情況差不多，比暈針常見些，屬於特異恐懼，就是對血液的恐懼。多與心理因素有關。

那麼暈血和暈針怎樣急救處理呢？

　　絕大多數情況下，患者意識可很快自行恢復，故無須特別處理。可以讓患者平躺，幾秒鐘後可回到自然狀態。因為暈血和暈針是心理因素引起的，所以在打針或抽血、驗血時進行安慰，讓患者盡量克服心理恐懼感，放鬆心情，別太緊張就可以了。

　　暈血、暈針不用太當回事，用句玩笑話說就是「得抓緊治，要不就好了」。即便如此，也要提防暈厥造成的二次傷害，即突然暈倒造成的摔傷。因此，在患者突然發生頭暈眼花、黑矇、出汗、臉色蒼白等不適時，應該主動降低體位，就地蹲下、坐下或者躺下，體位降低後，腦供血在重力作用下得到改善，基本不會發生暈厥。如果患者意識長時間未恢復，則可能是其他原因導致的昏迷，應要及時就診做進一步的檢查。

　　而有些人怕被人笑話會暈血、暈針，所以平時可以有針對性地進行心理治療，主要從消除恐懼下手，直接面對所恐懼的物品或場所，用暴露法（將自己暴露在害怕的情境中，讓自己逐漸能適應的療法）消除內心的恐懼，嘗試多見與血顏色相關的東西，例如：番茄等；或者運用系統脫敏法，在心理醫生指導下反覆、逐步地由弱變強地見血，逐步降低對所恐懼事物或情境的敏感程度，使患者漸進從容面對所恐懼的對象，並消除恐懼心理。當然，自我心理暗示很重要。

註釋

2　五大三粗：形容男子高大粗壯。

身邊人發生呼吸道異物梗塞的典型症狀

呼吸道異物梗塞也是生活裡常見的急症之一。呼吸道異物梗塞導致呼吸道完全阻塞，危險程度僅次於心臟驟停，必須分秒必爭，及時施救。

當身邊的人，特別是兒童突然發生呼吸道異物梗塞，如果正好被旁人看到那還好，但可怕的是患者已經出現了異常狀況，旁人卻不明白發生了什麼情況，或者意識不到嚴重性，不能及時給患者提供急救，那可就耽誤了大事，甚至有可能造成悲劇。因此，判斷呼吸道異物梗塞是搶救成功的關鍵。所以你得學會觀察，辨別呼吸道內是否有異物梗塞。

下面我就給大家說說發生呼吸道異物梗塞時的典型症狀：

人的呼吸道本是暢通無阻的，一旦異物進入呼吸道中，患者會感到非常難受，常常不由自主地以一手或雙手呈 V 字形緊貼於脖子，做出掐脖子的樣子，試圖將呼吸道異物從脖子擠出口腔。這是一個非常典型的體徵。

同時，患者還伴隨出現嗆咳、憋喘，嚴重者出現三凹征，也就是胸骨上窩、鎖骨上窩和肋骨間的肌肉凹陷，這由於呼吸肌極度用力，胸腔負壓增加造成的。

呼吸道梗塞可以分為兩種情況：

❶ 部分梗塞

當患者的呼吸道屬於部分梗塞的情況下，還可以部分通氣。患者會出現劇烈嗆咳、臉色潮紅、呼吸困難，張口呼吸時甚至可以聽到異物衝擊性的喘鳴聲，還會出現臉色、皮膚、指甲床發紺的情況，導致其煩躁不安、意識障礙、呼吸心跳不穩定。

❷ 完全梗塞

除了前面提到的雙手掐脖子是呼吸道完全梗塞最明顯的特徵之外，患者還會出現臉色潮紅，繼而變得灰暗、青紫，無法說話、無法咳嗽、無法呼吸，最後意識喪失昏迷倒地，隨即心臟驟停。

那麼如何判斷異物所在的位置呢？

異物根據所處位置可分為三種情況：進入喉內時，出現反射性喉痙攣而引起吸氣性呼吸困難和劇烈的刺激性咳嗽。

如果異物停留於喉入口，則有吞嚥痛或咽下困難的症狀。例如：異物位於聲門裂，大者出現窒息，小者出現嗆咳及聲嘶、呼吸困難、喉鳴音等。如果異物為小膜片狀貼於聲門下，則只有聲嘶而無其他症狀。尖銳異物刺傷喉部可發生喀血（咯血）及皮下氣腫。異物進入呼吸道立即發生劇烈嗆咳，並有憋氣、呼吸不暢等症狀。

隨著異物貼附於氣管壁，症狀可暫時緩解；若異物輕而光滑並隨呼吸氣流在聲門裂和支氣管之間上下活動，可能出現刺激性咳嗽，並聽

到拍擊音；氣管異物可聽到哮鳴音，兩肺呼吸音相仿，如果異物較大，阻塞氣管，可能導致窒息。此種情況危險性較大，異物隨時可能上至聲門，引起呼吸困難或窒息。

支氣管異物，早期症狀和氣管異物相似，咳嗽症狀較輕。植物性異物，支氣管炎症多較明顯，即咳嗽、多痰。呼吸困難程度與異物部位、異物阻塞程度有關。大支氣管完全阻塞時，聽診時患側呼吸音消失；不完全阻塞時，可能出現呼吸音降低。

發生呼吸道梗塞的患者經用力咳嗽無效、呼吸微弱，也就是呼吸道完全梗塞時，需要立即使用哈姆立克急救法，其他辦法例如：去醫院、等救護車來，則根本來不及。

呼吸道異物梗塞會要命，教你幾招急救方法

呼吸道是外界氣體進出體內的必經之道，呼吸道異物梗塞呼吸通道後，氧氣不能吸入，二氧化碳不能排出，引發呼吸受阻，一般超過 4 分鐘就會危及生命；而且即使搶救成功，也常因腦部缺氧過久而導致失語、智力障礙、癱瘓等後遺症。如果呼吸受阻超過 10 分鐘，其損傷幾乎不可恢復。

針對呼吸道異物梗塞採取的急救方法是哈姆立克急救法。它的原理為：可以把人的肺部想像成一個氣球，氣管就是氣球的氣嘴，如果氣嘴被異物阻塞，可以用手捏擠氣球，氣球受壓球內空氣上移，從而將阻塞氣嘴的異物沖出。我們透過衝擊上腹部而使膈肌瞬間突然抬高，肺內壓力驟然增高，造成人工咳嗽，從而迫使肺內的空氣形成一股氣流。這股帶有衝擊性、方向性的氣流，直接進入呼吸道，將呼吸道（喉部）異物排出，從而解除呼吸道梗塞。

我在這裡教大家一個哈姆立克上腹部衝擊法。這種方法分為兩種：

❶ 立位上腹部衝擊法

適用於意識清楚的患者。患者採取立位，救護人員站在患者身後，

一腿在前，插入患者兩腿之間呈弓步，另一腿在後伸直；同時，雙臂環抱患者腰腹部，一手握拳，拳眼置於臍上兩橫指的上腹部，另一手固定拳頭，並突然、連續、快速、用力向患者上腹部的後上方衝擊，直至呼吸道內異物排出。

針對因呼吸道內異物導致意識喪失的患者，須立即把患者放平在地，並進行心肺復甦。

❷ 旁邊無人相救，也可以實施自救。

必須立即於兩三分鐘內、在意識尚清醒時進行自救。採取立位姿勢，抬起下頦，使呼吸道變直，然後將上腹正中靠在椅背頂端或桌子、窗台邊緣，並突然撞擊，也可能將呼吸道異物排出。

哈姆立克急救法特別管用，但是可能出現併發症，例如：胃內容物排出，擔心的是誤吸入呼吸道；以及劍突骨折、肋骨骨折、肝脾破裂等。如果患者不完全性呼吸道梗塞，並且氣體交換良好，那就鼓勵他用力咳嗽，並自主呼吸；如果患者呼吸微弱，咳嗽無力或呼吸道完全性梗塞，則應立即採用這樣的方法，搶救成功後，還需要檢查患者有無併發症的出現。

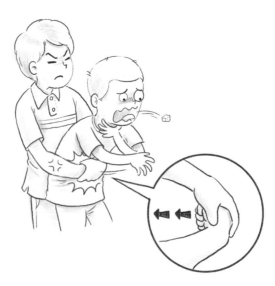

呼吸道異物梗塞急救：哈姆立克急救法。

如果孕婦窒息，
能否採用哈姆立克急救法？

我在前面已經提到，透過上腹部衝擊法，可以運用肺內氣流將異物衝擊出來。如果呼吸道異物梗塞的對象是一名孕婦可就麻煩了，若急救方法不當，而傷害到胎兒，他未來的爸爸會和你拚命哦！

一般說來，妊娠 4 個月以下的婦女，因為增大的子宮尚未超過臍部，所以擠壓上腹部不會影響到子宮，救治手法可以像救治其他人員一樣。但妊娠晚期因孕婦腹部膨起達劍突下數指的位置，擠壓腹部會影響胎兒安全，所以擠壓上腹部的方法不可取，但是透過擠壓胸部的方法也能達到效果。不過，大家一定要注意方法。

具體方法是：施救者站於孕婦背後，一腿在前，插入她兩腿之間呈弓步，另一腿在後伸直；同時雙臂環抱孕婦胸部，一手握拳，拳眼置於兩乳頭連接中點，另一手固定拳頭，並突然、連續、快速、用力向孕婦胸部的後方快速衝擊，直至呼吸道內異物排出。這種方式注意不要偏離胸骨，以免造成肋骨骨折。

如果此時孕婦意識喪失，也不必恐慌，應隨即將她平臥於地，採用胸外心臟按壓。具體方法是：搶救者跪在病人身體一側，用一手掌根

部放在病人兩乳頭連線中點的部位，另一手重疊其上，雙手十指交叉相扣，連續、快速、用力垂直向下衝擊，每衝擊 5 次後，檢查一次口腔內是否發現異物，如發現異物，立即取出。

胸部衝擊法除了適用於孕婦之外，也適用於肥胖成人，希望大家記住這個能保命的急救知識。

如果只是呼吸道部分阻塞，還能呼吸，則不需要實施哈姆立克急救法，因為有可能造成異物完全阻塞呼吸道，事與願違，造成呼吸停止。這一點不僅是針對孕婦，對於普通患者來說也是如此。這個時候讓患者擺一個最舒服的姿勢（一般是坐姿），然後鼓勵患者咳嗽，並將異物咳出。同時撥打急救電話 119，尋求醫生的指導。當這些方法無效且患者情況緊急時，則必須使用哈姆立克急救法了，但是也需要注意，控制好合適的力道，才能達到最好的效果。

我在這裡強調一下，為什麼我總強調在現場緊急施救的同時趕緊撥打急救電話 119？因為不論我的方法多正確，每個人面對的患者情況都不一樣，掌握急救方法的熟練程度不同，完全依靠自身懂得的方法，不能確保可以百分之百將患者救活。所以，現場緊急施救可以挽救患者，並可以延長患者生命，如果再有 119 醫生的協助，那麼成功的機率就會大大提高。

人在家中坐，

禍從天上來，

食物中毒最常發生的地方在哪？
萬萬沒想到

　　食物中毒是日常生活中最常見的急症。如果拉肚子了，大家首先要從頭檢視一遍，之前是否吃過什麼不乾淨的東西。一般食物中毒可分成兩種：胃腸型食物中毒的症狀以噁心、嘔吐、腹痛、腹瀉為主；神經型食物中毒的症狀除了噁心、嘔吐外，主要是頭暈、頭痛，甚至會導致眼部肌肉癱瘓等。

　　食物中毒最常發生的是細菌性食物中毒，大多數人都有過這樣的親身經歷，食用了被沙門氏菌屬、大腸桿菌、肉毒桿菌等這類細菌，或者細菌產生的毒素感染了的食物，就會導致食物中毒。

　　細菌性食物中毒有著明顯的季節性，多發生在 5 ～ 10 月。夏季溫度高、濕度大，細菌等微生物容易生長繁殖，而且此時人體的防禦能力有所降低。

　　什麼地方最容易發生食物中毒？是路邊的燒烤攤、小吃攤？還是條件簡陋的小吃店？都不對。發生食物中毒機率較高的地方，是在自己家裡。

什麼意思？難道我們自己家裡做飯還不注意衛生嗎？那倒不是。家裡更容易發生食物中毒是因為一件事：吃剩飯剩菜。

家裡有了剩飯剩菜，有些人捨不得丟掉，變成隔夜菜吃，這就容易造成食物中毒。

當食物溫度降到 60℃ 以下，就開始有細菌生長；30 ～ 40℃ 之間的溫度，是細菌最喜歡的溫度。當細菌大量繁殖，就很容易引發腸胃炎、食物中毒。

主要表現是：腹痛、嘔吐，頻繁腹瀉，而且多為水樣便、血水便，有時帶少量黏液。有的中毒者畏寒、發熱、乏力，甚至吞嚥、呼吸困難，神經麻痺。嚴重的還會脫水、血壓下降、酸中毒，甚至意識不清、休克等。

細菌性食物中毒還有一個特點就是集體發病，凡是吃過相同食物的人幾乎先後發病。有這樣一條判斷，基本上八九不離十。

細菌性食物中毒一般不嚴重，可以自行處理。絕大多數食物中毒都是急性的，如果吃下食物的時間在 1 ～ 2 小時之內，那麼急救措施就是催吐：用手指刺激舌根部，引發嘔吐，以排出有毒食物。反覆進行，直至沒有嘔吐物排出。

因嘔吐、腹瀉會引起脫水，脫水較輕的情況可以臥床休息，禁食 6 ～ 12 小時，多喝加糖的淡鹽水，以補充體內的無機鹽和水分。如果脫水嚴重，患者精神萎靡、發燒、出冷汗、臉色蒼白，甚至休克，要讓患者平臥，雙腳抬高，以保證重要臟器的血液循環，同時盡快前往醫院就診。將吃剩的食品保留好，帶到醫院以確認中毒的具體原因，以便於醫院有針對性地急救。

口服洗胃的關鍵是──喝多少吐多少

我在前面和大家提過，食物中毒，或者孩子誤食藥物、毒物、洗滌用品，需要趕快催吐和口服洗胃。具體怎麼操作呢？

先催吐。

讓患者身體前傾，用乾淨手指刺激患者的舌根部，引發嘔吐，把胃內的東西連同藥物、毒物一起吐出，或者用筷子刺激舌根部也行。

催吐後就是口服洗胃。成人每次喝 300mL 左右的水，喝完以後用乾淨手指刺激他的舌根部，引發嘔吐，讓患者把剛才喝的水連同藥物、毒物一起吐出來。吐完以後喝水，再吐出來，反覆幾次。這樣做就是「口服洗胃」，跟去醫院洗胃原則是一樣的。這樣反覆進行，直至嘔出的液體清亮透明、無色無味為止。

口服洗胃有幾個注意事項：

❶ 喝水的量要根據患者的體重來評估。成人口服洗胃一般是 300mL；如果孩子比較小，那就喝少一點，跟他平時喝一餐牛

奶的量差不多就好。如果水喝太多，胃內壓力升高了，反而會促使毒物進入腸道，不能使毒物排出。

❷ 水溫應接近體溫，別太冷也別太熱，一般在 37℃左右即可。水溫過高，胃腸黏膜上的毛細血管就會擴張，反而促進了對毒物的吸收。水溫過低，胃受到刺激，就會收縮，反而導致胃內壓升高，促進毒物進入腸道，同樣會導致毒物更容易被身體吸收。另外，水溫過低，胃黏膜皺襞進行收縮，毒物就被夾在裡面了，不容易洗乾淨。

❸ 喝進去多少就吐出來多少，千萬別因為難受，喝進去 300mL 吐出 200mL，剩下的那 100mL 就留在腸胃裡被吸收了，不利於毒物排出。

❹ 洗胃的過程中要變換體位，並輕輕按摩胃部，以便把胃內各部位充分清洗到位。

❺ 吐出來的東西要保留起來，最好讓患者直接吐在玻璃瓶裡，去醫院的時候帶著，方便醫生做毒物鑒定。

如果中毒者是孩子，因為不舒服不可能很好地配合家長，那就別勉強，以免強行洗胃造成窒息。如果誤食強酸或強鹼等腐蝕性的東西，千萬不要催吐或口服洗胃，以免加重損傷。

因手機充電觸電，
短短幾十秒一個年輕生命就逝去了

有一名學生，在網咖上網時手機和電腦連接充電，當他拿手機的時候意外觸電，癱在椅子上。旁邊的人完全沒意識到發生了危險，有人即便看到了也茫然不知所措。短短幾十秒，這個 18 歲的少年瞬間喪命。

我們在家裡也是如此，急切地想將自己喜歡的內容看完，又擔心手機電量不足，於是，一邊幫手機充電一邊玩手機。但直到目前為止，還有許多人不知道，邊充電邊玩手機或打電話是很危險的事情。手機在充電時的電壓高於待機時，此時接、打電話或者玩手機，在通話或連接網路的瞬間電壓會超過平時很多倍，易使手機內部敏感的零部件受到損害，造成漏電或者因過熱引發短路，甚至爆炸。其他例如：套著手機殼充電，或者在高溫、潮濕的環境中充電，同樣會因為散熱慢、電流短路等發生危險。

人體觸電後會導致心臟驟停，當通過人體的電流超過人能忍受的安全數值時，心臟失去收縮、舒張的功能，全身血液循環停止、呼吸停止，進而引起細胞、組織缺氧。觸電的部位常有電燒傷的痕跡，出現炭化，形成裂口或深洞，燒傷常深達肌腱。

如果不幸發生在我們身邊的家人或者朋友身上，難道就這樣束手無策，乾瞪眼沒有辦法嗎？這裡我教給大家一些緊急處理措施，只要及時出手，就有可能讓觸電者轉危為安。

手機邊充電邊玩，有觸電的危險。

　　當發現有人觸電，你要做的第一件事情就是，在確保自身安全的前提下，立刻切斷電源，將傷者與電源分開。如果在家裡或者室內公共場所，應迅速拔去電源插座，關閉電源開關，拉開電源總閘刀切斷電流。如果發生在室外的話，可以利用乾燥的木棒，或者書本、瓷器、橡膠類製品等絕緣物體將電線從觸電者身上挑開，使觸電者脫離電源。

　　如果沒有其他人在旁邊，觸電者也要立即採取自救方法。如果接觸的電線帶電，觸電者可用另一隻空出的手迅速抓住電線絕緣處，將電線拽離身體。如果接觸到的是固定在牆上的電源，觸電者可用腳猛力蹬牆，同時將身體向後倒，借助身體的重量和外力擺脫電源。

將觸電者脫離電源之後，下一步要做的是，及時判斷觸電者有無意識和呼吸。如果確認觸電者已經沒有意識和呼吸，則立刻將觸電者在地上放平，並馬上開始進行胸外心臟按壓。在此同時，還有一件重要的事，就是撥打急救電話 119，建議充分利用手機的免持功能，邊打電話，邊持續進行胸外心臟按壓，直到急救人員到達現場。

　　如果觸電者還有意識，就不需要做心肺復甦操作了。如果他身上有電弧灼傷，可用生理鹽水或清潔的溫開水沖洗，再用酒精或優碘消毒，然後用乾淨的布類包裹好送往醫院處理。如因觸電摔跌出現傷口和骨折，應先止血、包紮，然後用木板、竹竿、木棍等物品將骨折肢體臨時固定並速送醫院處理。

　　提醒一句，發生觸電後，體外傷口的大小，肉眼可以看得到，但體內受傷情況看不到，所以一般觸電者都應當及時送往醫院進行檢查。

家庭中燒傷務必採用的急救「三部曲」

　　當我說燒傷急救的時候，有人會說那些燒傷太嚴重的，一般人不會輕易遇到。那我就來談一般家庭中經常遇到的燙傷處理方法。

　　其實，燙傷和燒傷是同樣的。燒傷指的是各種熱源，包括火焰、開水、熱油、蒸汽、汽油、強酸、強鹼、生石灰、磷、電灼等，無論是固體、液體還是氣體，作用於人體後，造成的特殊性損傷。人們習慣上把開水、熱油這樣的液體燒傷稱為燙傷，但其實這也是燒傷。

　　燒傷在家庭裡的發生率很高。冬天的時候，熱水袋、暖手寶、電暖器、熱水瓶等取暖用具大量使用，中國北方平房住戶需要使用煤球爐或在屋內燒柴取暖，冬季吃頓熱氣騰騰的火鍋正當其時，這些都增加了燒傷機率。夏天的時候，人們的衣著輕薄，裸露的皮膚一不小心接觸熱源物品也會遭殃。

有兩類人群要額外注意燒傷：

❶ 老人

老人上歲數了行動遲緩，感覺遲鈍。試想，老年人在使用熱水袋，

洗澡、洗腳時，接觸的溫度過高時，反應遲鈍，等到感覺出來時，已經被燙傷了。另外，老年人常受一些疾病困擾，例如：高血壓患者突然血壓上升，暈厥、癲癇發作時跌倒在熱水盆上、電暖器上，就會造成燙傷。尤其可怕的是，老年人皮膚萎縮，真皮層變薄，調節體溫能力減退，皮下脂肪減少，使皮膚抵禦燒傷的能力下降，創面癒合慢，燒傷引起併發症，後果非常嚴重。

❷ 兒童

和老年人相比，孩子活潑好動，皮膚嬌嫩，但是危險性同樣很高，特別像是剛剛學會走路的嬰兒，皮膚不僅薄，而且很嫩，碰到暖氣葉片都容易被燙傷。通常來說 3 歲左右的兒童燙傷發生率最高，而且孩子燒傷程度一般較嚴重，部位主要位於臉部和雙手，容易形成疤痕和色素沈澱，嚴重時可能影響到眼睛和口的開合，這會給兒童的身體和心理留下長期創傷。網路上有一些非常可怕的燒傷圖片，大家可以適當選擇一些讓孩子觀看，進而增強他們的自我保護意識。

燒傷造成的傷害 80% 以上都是餘熱造成的，用冷水沖是減少餘熱危害的好辦法，簡單、易操作、效果好。對於一般人來說，燒傷急救可以簡化為三步：

第一步，沖。用冷水持續沖洗、浸泡 20 分鐘以上，中和餘熱，降低溫度，最大限度地緩解疼痛、減輕損傷、避免或減輕瘢痕的形成。針對冷水沒有特別要求，在 15 ～ 25℃之間，自來水就可以。千萬別用冰塊敷，這是很多人的一個處理誤區，因為冰塊敷在剛燒過的皮膚表面，會導致創面下的血管短時間內過度收縮，不利於恢復。

第二步，蓋。就是用無菌或乾淨布類覆蓋創面。傷口面皮膚和肌肉組織破損，暴露在空氣中很容易感染細菌。因為嚴重燒傷患者，晚期死亡主要原因就是感染。有人說，我家裡常備著急救包，什麼藥品材料都有，我拿無菌紗布包紮起來不就好了嗎？告訴你，可不能這樣，包紮材料很容易和創面黏在一起，到醫院一撕開，皮都黏掉了。所以合理的處理方法是，找來一塊乾淨的布，往傷口上一蓋就可以了。

第三步，走。 往哪走呢？盡快送往醫院，因為醫院有專業的醫生，專業的設備，可進行專業的處理。

在醫院處置完回到家後，注意保持創面的乾燥，避免摩擦和過度活動，以免使表皮和纖維板層分離，形成水泡和血泡。更不要用手抓撓、熱水燙洗、衣服摩擦等方法止癢，因為這樣會刺激局部毛細血管擴張、肉芽組織增生進而形成疤痕。一般應該在水泡消退，潰瘍癒合後，再進行抗瘢痕治療。

世上還真有比喝涼水塞牙縫更悲催的事

比喝涼水塞牙縫更悲催的事是什麼？喝開水被燙傷。為啥？這件事常見啊。

有人說，那你也真夠笨的，發覺燙，就趕快吐出來，活生生的人還能讓開水把嘴巴燙傷？但是在生活中，這種事還真不少見：沒想到是熱開水，或者喝急了，這都有可能。再說，熱水喝進嘴裡，覺得燙以後趕緊吐出來，喉嚨沒事，就這一會兒口腔也有可能被燙傷了。特別是學齡前兒童，反應慢，動作協調能力也差，大人不在身邊的時候把食道燙傷也是經常發生的事。而且兒童咽喉保護性反射還不健全，吞嚥後不會立即吐出，反而大哭大喊，加深吸氣，造成更大範圍的燙傷。

咽部燙灼傷可能造成咽喉黏膜水腫堵塞，嚴重的會引起窒息。燙灼傷的程度與開水的溫度、飲入量，以及停留時間的長短有關。受傷較重的部位一般是嘴唇、頰黏膜、咽峽、咽後壁，及會厭，嚴重者可能導致死亡。

我在上一節說了，燒傷急救方法就三個字：沖、蓋、走。不過喝開水被燙傷怎麼沖 20 分鐘？往哪蓋呢？這個問題貌似很棘手。

一般來說，人的口唇損傷的修復最快，只要注意口腔衛生，可以吃點藥，例如：維生素 C 片和消炎藥，避免感染，很快就會好。但是注意忌食辛辣刺激性食物和過於油膩的食物，配合飯後漱口，早晚刷牙，成人戒煙戒酒，幾天後就可以痊癒。當然，針對咽喉和食道大面積被燙傷、起泡，創面較大，最好在醫生指導下用藥。

還有一種更為可怕的情況：消化道被強酸、強鹼等化學物質燒傷。如果消化道被強酸燒傷，要立即口服牛奶、蛋清、豆漿、食用植物油等 200mL；千萬不要口服碳酸氫鈉，以免產生二氧化碳導致消化道穿孔。如果消化道被強鹼燒傷，應立即口服食醋、檸檬汁、1% 的醋酸等，也可服用牛奶、蛋清、食用植物油，每次 200mL，以保護胃黏膜。這兩種情況都嚴禁催吐和洗胃，以免發生消化道穿孔。誤服強酸、強鹼後的正確處置方法，是應盡快消除、稀釋、中和腐蝕劑，保護食道和胃腸黏膜。

我順便在這裡講一下，身體表面燒傷要怎麼急救。例如：皮膚表面被酸鹼燒傷，不要著急送往醫院，要立即用毛巾、衣服搌乾，再用大量清水反覆沖洗，沖洗得越徹底越好，然後再包紮送往醫院。

強酸包括硫酸、鹽酸、硝酸等；強鹼包括氫氧化鈉、氫氧化鉀、碳酸鈉等。生活中使用的家庭用品，例如：擦亮劑、去污劑、燙髮劑等含有這些物質，一定要謹慎使用，千萬不要將上述物品裝入飲用水的瓶子中，以免誤服。

如果你不會燒傷急救，就千萬別瞎處理

一個僅 1 歲 5 個月大的男童意外被開水燙傷，本來燙傷的面積並不大，但孩子的奶奶竟然將半包食鹽撒在傷口上消毒，結果小男孩因傷情加重不得不緊急送到醫院急救。

這位心疼孫子的奶奶好心辦壞事，差點給孫子造成無法挽回的傷害。

據資料顯示，中國每年約有 2600 萬人發生不同程度的燒燙傷，其中 0 ～ 5 歲的兒童燙傷占燒傷兒童的 70% 左右。正值生長發育階段的孩子，如果錯過最佳治療時機，肢體的畸形、心理的障礙將會成為孩子終生抹不掉的陰影。

許多燒傷患者在入院治療前，會先用各種民間療法。這些方法可謂千奇百怪，也不知道是從哪學來的。往傷口上撒鹽這件事比較極端，較為常見的是塗抹醬油、醋、純鹼、白糖，倒是沒人撒孜然，有人敷上蘆薈、蛋清、牙膏，還有人習慣塗抹紅藥水、碘酒等。

不過這些材料使用以後沒有任何治療效果，還有可能延誤病情，所以這些方法都不可取。實際上民間療法會給傷口帶來較大的感染風險，

尤其當塗抹的東西裡含有糖、蛋白質等營養成分時，使得細菌能夠在燒傷處或周圍快速滋長。特別是在氣候濕潤的南方地區，傷口極為容易感染。

此外，若異物殘留在傷口上，不利於傷口癒合，還影響癒合後的美觀，治療燒燙傷時，也會增加傷口清創難度，影響醫生對傷情的判斷。

例如：你往傷口處塗抹醬油，不僅沒有用，還會使皮膚顏色變深，導致醫生難以正確的判斷傷情。

蘆薈這類物質對皮膚有一定好處，但沒有證據表明蘆薈對燒傷有治療作用。在傷口上塗抹蛋清還可能引起感染，到了醫院醫生得先將蛋清沖洗後再治療，受傷的人還得再多受一次罪。

紅藥水對燒傷無效，還會影響醫生判斷傷情，而且大面積塗抹可能會造成汞中毒。碘酒含有酒精，會損傷皮膚，加重疼痛感。燙傷膏、燙傷油這些藥物也不要使用，雖說它們通常都有促進結痂的作用，但可能會造成更嚴重的感染。

這些五花八門的民間療法中，塗抹牙膏最為大眾所信賴，有人說「親測有效」。其實這種方法還是不值得提倡。有的牙膏中含有薄荷，使人感覺清涼，但同樣對於創面癒合沒有任何促進作用。牙膏不屬於無菌物品，外塗牙膏後局部滲液不容易引流，積聚在表面容易引起感染，延遲癒合，甚至導致疤痕形成。

所以當自己或者別人遭遇燒傷，不要化身喜來樂，自以為一些民間療法有奇效。其實，此刻馬上老老實實去沖冷水，比什麼都強。

此外，不要弄破水泡，不要強行去除任何黏在傷處的東西，這樣做會加深對傷處的損害，甚至會引發感染。燒燙傷嚴重的病人容易有口渴症狀，但不要讓病人喝大量白開水、礦泉水，以免引發腦水腫或肺水腫等併發症。可讓病人少量多次喝些淡鹽水，補充血容量，防止休克。

石灰誤入眼睛裡，怎麼急救處理？

石灰進入眼睛屬於化學性燒傷，是嚴重的眼科急診，大約占眼外傷的 10% 左右。化學性物質會對眼組織常造成嚴重損害，如不及時處理或者處理不當，嚴重者甚至會導致失明或喪失眼球。

石灰誤入眼睛裡造成燒傷這件事，金庸的《鹿鼎記》裡面提到過好幾次，要知道撒石灰可是韋小寶的成名絕技。遇到這樣的傷害該如何急救呢？其實《鹿鼎記》裡已經給出了答案。原著這樣寫的，高彥超道：「得用菜油來洗去，不能用水。」

那麼到底能用水來清洗眼中的石灰嗎？能。但不是有說法石灰加水產生熱量會灼傷眼球嗎？確實。但是眼球裡本身有眼淚等水分，如果不立刻用大量清水沖洗，石灰同樣會迅速和眼淚產生化學反應且劇烈放熱、燒傷眼球。如果是草木灰、香灰進入眼睛，只須用清水洗去即可。

眼睛裡進入石灰後，處理辦法為：立即用乾淨手帕將生石灰粉沾出，用手指撥開眼瞼，眼睛睜得越大越好，用大量清水反覆沖洗。盡可能縮短石灰與眼睛，尤其是與眼球接觸的時間，清洗至少持續 30 分鐘，同時盡可能轉動眼球。

沖洗到什麼程度呢？我認為達到眼睛的灼痛或刺激感減弱或消失，可以睜眼，視物清晰的程度才行。切忌將燒傷部位用水浸泡，以免生石灰遇水產生大量熱量而加重燒傷。最後可用氯黴素等抗生素眼膏，再包紮雙眼。

　　其實，不光是石灰，化學藥物入眼後都應立即用清水沖洗，千萬不要用鹼去中和酸，或用酸去中和鹼，因為任何濃度的酸和鹼對眼的組織都有損害。

石灰誤入眼睛，到底能不能用水來清洗？

下面是一些化學燒傷的具體處理辦法：

如果眼睛被強酸，包括鹽酸、硫酸、硝酸等燒傷，肯定也會有臉部的燒傷。應該立即用布類先將臉部的酸液擦乾。沖洗受傷的眼睛時，以免在用水沖洗時，擴大燒傷面積。隨即用流動的清水徹底沖洗眼睛20分鐘以上。使用氫化可的松或氯黴素眼藥膏，並包紮雙眼。

如果眼睛被氫氧化鈉、氫氧化鉀、碳酸鉀等強鹼燒傷，就應立即用流動的清水徹底沖洗眼睛20分鐘以上，禁用酸性液體沖洗。清洗完畢後使用氯黴素等抗生素眼膏，再包紮雙眼。

如果眼睛被磷燒傷，立即清除磷顆粒，盡快用流動的清水徹底沖洗20分鐘以上。再用5%的碳酸氫鈉或食用蘇打水濕敷燒傷創面，使創面與空氣隔絕，以免磷在空氣中氧化燃燒，而加重燒傷。

這些處理完畢，再立即前往醫院做進一步的救治。

如果發生嚴重的燒傷，該怎樣進行急救？

　　如果是普通的燒傷，先自己進行緊急處理，然後再去醫院檢查，這是最正確的選擇；如果是輕微燒傷，自己完全可以處理好。但如果發生嚴重燒傷該怎麼辦呢？

　　這就需要掌握更多燒傷方面的知識了。

　　例如：火災事故中造成大面積燒傷，人不慎掉入沸水中，嚴重的酸鹼燒傷，以及高壓電大面積燒傷等。主要表現症狀是燒傷處大面積水泡或破潰流水，深度燒傷者皮膚呈皮革樣。傷員往往疼痛劇烈、呼吸急促、脈搏細速、口渴、尿少或無尿，嘔吐咖啡色液體，甚至發生休克、昏迷。

對嚴重燒傷者該如何進行急救呢？

❶ 首先，迅速讓燒傷者脫離火源、沸水，快速脫掉大火燒著的衣服，包括內衣褲、鞋襪等。如果燒傷者來不及脫下衣服，就用水快速澆滅；或就地翻滾壓滅火焰；或用棉被、大衣覆蓋滅火。當然，如果附近有游泳池或者河流、湖泊等水源，可直接跳入水中澆滅火焰。當頭髮燒著時，在家可以在淋浴器、水龍頭底

下沖水；如果在戶外可用濕毛巾或濕衣服覆蓋頭部來滅火。切勿頭髮上帶火苗奔跑、叫喊，以免燒傷呼吸道，或者火藉著風勢越燒越旺。另外，可用濕毛巾捂住口鼻，防止窒息和呼吸道燒傷。

❷ 其次，除了立即脫去燒著的衣服之外，還需要用大量 15 ～ 25℃ 的冷水充分沖洗浸泡 20 分鐘左右冷卻創傷面，如果無水源，利用手邊的罐裝飲料、礦泉水或牛奶也可以，但要盡量避免因此而延誤燒傷者送醫時間。如果發生黏連，可在水中解脫衣物，或用剪刀沿傷口周圍剪開，以防加重損傷。在冷卻創面的同時要輕輕除去傷員的手錶、首飾、皮帶、鞋子等，以防傷口附近發生腫脹，影響血液循環。

燒傷患者會伴隨頭、胸、腹、四肢併發症的存在，應分輕重實施救護。仔細檢查燒傷者神志、呼吸、脈搏等生命體徵。如果發現呼吸、心跳停止，應該立即進行人工呼吸，或胸外按壓操作。

如果手臂或者腳等部位被炸傷流血，急救者要立即在出血部位覆蓋敷料，並用手緊緊壓住。如果大量出血，則用止血帶或粗布紮住出血部位的上方，抬高患肢，迅速送往醫院進行清創處理。止血帶需要每隔 40 ～ 50 分鐘鬆開一次，以免受傷部位缺血壞死。

緊急撥打急救電話119，請求派救護車的同時，必須告知急救醫生，有大面積危重燒傷或伴有呼吸道燒傷病人，讓醫生準備好做氣管切開術的工具，因為呼吸道水腫可能導致窒息而危及生命。

最後，創面冷卻後，用乾淨的床單等覆蓋創面，避免創面被污染。

嚴寒冬季，氣溫很低，治療燒傷的同時有可能造成凍傷，所以注意冰敷的程度不能過度，還需要注意其他部位要採取保暖措施。燒傷的急救處理，最基本的是注意清潔，以防感染；其次是冰敷時注意保溫，尤其是對孩子和老人。

癲癇發作，最好的急救就是以不變應萬變

癲癇俗稱「羊角風」或「羊癲瘋」，發作時意識突然喪失，摔倒在地，口吐白沫，肢體、臉部劇烈抽動，臉色青紫，瞳孔放大，十分嚇人。癲癇除了突發性還容易反復發作，讓人頭疼。

人們經過研究，發現癲癇是大腦神經元突發性異常放電導致的短暫大腦功能障礙。由於異常放電的起始部位和傳遞方式的不同，癲癇發作的臨床表現複雜多樣，可表現為發作性運動、感覺、自主神經、意識，及精神障礙。

遇到患者癲癇發作，我們急救醫生一般會怎麼處理呢？

我一般會把患者的衣領鬆開一些，並注射地西泮（煩寧），等他發作停止後，病情穩定了，再送去醫院。不過一般人不具備注射地西泮的條件，也不會隨身攜帶這類藥品。那麼在家中，遇到癲癇發作也不要慌張，可以採取下面的急救措施，簡單易學。

看到患者狀況突然不好了，家屬應立即上前抱住患者，慢慢放在地上，移開周圍尖利或堅硬物體，因為這樣可以避免摔傷。注意不要強

行約束患者，也不要往嘴裡塞任何東西。你需要做的就一件事——確保患者呼吸道暢通。等待發作停止以後，讓患者採取穩定側臥位。注意觀察患者意識、瞳孔，及呼吸變化，記錄癲癇發作的具體表現，最好用手機及時錄下完整的發作過程，便於給醫生提供正確的發病情況。

有的朋友可能聽說過，遇到正在發作的癲癇患者，要拿一個東西墊在他的上下牙齒之間，怕患者把舌頭咬傷。實際情況是，患者很少咬傷舌頭。況且癲癇發作時，患者通常牙關緊咬，根本塞不進東西。如果強行往嘴裡塞，很有可能損傷牙齒。

作為患者家屬，前幾次遇到患者發作可能沒有經驗，但次數多了，知道家裡有個癲癇患者，就得隨時隨刻仔細觀察。如果感覺患者狀況突然不好了，就應該立刻上前攙扶避免受傷。癲癇發作本身對患者可能不會造成什麼太大的影響，反而是摔倒的那一瞬間，可能會造成各種各樣的外傷。

2020 年新冠肺炎疫情暴發，有些癲癇患者認為自身免疫力低下，相比於其他人，自己更容易感染病毒，整天緊張兮兮。實際上，癲癇是神經系統的功能紊亂引起的，較少影響到呼吸系統或免疫系統，因此癲癇一般不會增加新冠病毒的感染風險。癲癇患者反而應該注意調節情緒，保持樂觀。因為癲癇患者因焦慮、抑鬱會引起大腦異常變化，所以疫情期間，更應該保持良好的心態，不要過分緊張、焦慮和恐慌，出現情緒問題須及時紓解。

魚刺卡在咽喉引發大出血，怎麼辦？

不知道大家是否喜愛吃魚？在肉類食物中我最愛吃的是魚肉，不僅因為魚肉柔軟易消化，更重要的是魚肉中含有豐富的營養成分。例如：含有葉酸、維生素 B2 等，可以滋補健胃、利水消腫、清熱解毒；另外，魚肉還含有豐富的鎂元素，對心血管系統有很好的保護作用，有利於預防高血壓等。當然，魚肉中富含維生素 A、鐵、鈣、磷等，常吃魚還有養肝補血、澤膚養髮的功效。不好意思，我的職業病又犯了。

魚肉雖然擁有很豐富的營養，但我最頭痛的是剔魚刺，每次看著熱氣騰騰的魚肉就想急切地入口，但是剔除魚刺就像雕刻一件藝術品般得小心翼翼。如果魚刺剔除不乾淨，就很容易卡在咽喉，不能上也不能下，而且疼痛難忍。最嚴重的情況是，有人被魚刺刺穿後，迷走右鎖骨下動脈形成假性動脈瘤，動脈瘤破裂後導致大出血，危及生命。

我記得曾經有一位患者，被肛門疼痛折騰了好幾天，吃不下也睡不好，只好無奈的來了醫院，經過超音波檢查，發現在肛管後壁上有一個 T 型的異物，經仔細觀察，發現這個異物是一根魚刺。經過手術後，分離出了魚刺。魚刺卡在喉嚨或者食道中是常有的事了，但是這位患

者的魚刺通過了咽喉，卡在肛管這個尷尬的部位，可算是躲過了初一，躲不過十五啊！

　　曾經有一位病人，就是魚刺引起的動脈破裂，先後出血 **4000mL**，最後不得不緊急做手術，進行輸血，最後幾乎相當於全身的血都換了一次。讓人欣慰的是，經過我同事的不懈努力，挽救了病人的生命。記得我小時候，包括現在身邊的人，只要魚刺卡在咽喉，就馬上喝醋軟化魚刺。其實這種做法是錯誤的，即便再小的魚刺也是無法透過喝醋來軟化的。除非醋能夠長時間地停留在卡魚刺的部位，但這顯然是不可能的。

活鴨子口水可以軟化魚刺？可笑！

可能很多人認為只要不斷地喝醋就可以達到效果，於是很多人拚命喝醋，在萬不得已的情況下才急匆匆地來醫院治療，一張嘴就像陳年老醋壇子打翻了一樣，但魚刺依然「驕傲」地插在咽喉。當然，也有一些人可能覺得喝醋的成本比去醫院低，所以在家使勁喝醋。還有一部分寧願相信「網路神醫」，卻不相信眼前的醫生。

　　網路上一些治療魚刺卡在咽喉的方法，例如：吃饅頭「沖」魚刺、吞橘子皮軟化魚刺，更可笑的是有人竟然把活鴨子倒提起來讓鴨子流口水，然後喝鴨子口水以軟化魚刺。沒想到居然有不少人為這種開玩笑式的方法點讚，真是太可怕了。這樣的結果只會是延誤了搶救的最佳時間。

　　作為一名急救醫生，我負責任地給大家一點建議：只有當別人或者自己對著鏡子能看到的魚刺，才可以用鑷子或者用手把魚刺拔出來；如果看不到，就應該立刻到醫院請專業醫生進行處理，其他辦法都不可靠。

煤氣中毒不論季節，關鍵看空氣是否流通

煤氣中毒，其實就是一氧化碳中毒。當我說到煤氣中毒的時候，相信大家腦海裡最先想到的發生時間，就是寒冷的冬天，屋裡用著煤炭爐，門窗緊閉，這種情況下最容易發生煤氣中毒。過去確實是這樣，而隨著燃氣走入千家萬戶，越來越多的人由於燃氣中毒而失去生命。但其實，煤氣中毒中也包含燃氣中毒。無論是在冬季，還是在炎炎夏日，都有發生燃氣中毒的可能。夏季待在空調屋裡吃著炭火鍋、燒烤，或者在車內開空調睡覺，在密閉的環境中都有發生中毒的危險。

可見，避免煤氣中毒不論季節，關鍵看空氣是否流通。

因此，家裡不管是否開空調，安置燃氣灶、燃氣熱水器、煤爐等物品的房間都要保證開窗通風。如果在使用過程中或者使用之後，出現頭痛、無力等不適時，應首先想到煤氣中毒的可能。

一氧化碳是一種無色、無味、無臭的窒息性氣體，在沒有及時通風的情況下，中毒患者 5 ～ 10 分鐘就會昏迷。輕度中毒會出現頭痛、頭暈、噁心、嘔吐、心慌、氣短、四肢無力等症狀。重度中毒則會出現

意識不清、呼吸困難、臉色潮紅，甚至呼吸停止。所以說，一旦發現有以上情況，必須分秒必爭地進行自救或者搶救。

如果發現患者意識不清，當務之急就是立即將患者移往空氣流通的地方，鬆解衣扣，保持患者呼吸道暢通，為防止因嘔吐導致的窒息，可以採取穩定側臥位，並及時撥打急救電話 119。

一氧化碳中毒的病理改變，其實就是缺氧。由於吸入一氧化碳以後，一氧化碳跟血紅蛋白結合的能力比氧的結合能力高 300 倍。因此，當一氧化碳侵入人體後，血紅蛋白第一時間與一氧化碳結合，影響氧氣的全身輸送，造成人體缺氧。因此，吸氧就是要增加氧濃度。因為在高濃度給氧的情況下，氧跟血紅蛋白的結合能力是能夠增加的，這可以加速一氧化碳跟血紅蛋白的離解能力，所以患者家屬應讓患者早點吸氧，或及時將患者送往有高壓氧治療資源的醫院。一氧化碳中毒的時候碳氧血紅蛋白的含量上升，而碳氧血紅蛋白呈櫻桃紅色，所以一氧化碳中毒患者的嘴唇會呈現櫻桃紅顏色，這也成為判斷是否煤氣中毒的一個重要標準。

關於急性一氧化碳中毒的急救，有一些民間療法，基本上都是幫倒忙的，不能亂用。被普遍使用的民間療法，例如：灌醋、灌酸菜湯等，一是對緩解一氧化碳中毒毫無作用，二是容易造成患者窒息。

還有一種民間療法是讓一氧化碳中毒患者凍著，這就更不可取了。一氧化碳中毒患者不但不能凍著，而且還要保暖。一氧化碳中毒後，患者身體本來就很虛弱，抵抗力也很差，將患者置於冰冷的地方，還讓患者在外面凍著，就很容易發生肺炎。

穩定側臥位是一種什麼樣的姿勢呢？

我在前面講的急救方法中多次強調讓患者保持側臥位，以避免由於異物堵塞呼吸道導致窒息，剛才在談到一氧化碳中毒急救的時候有提到，要將中毒患者擺放成穩定側臥位。那麼側臥位到底是一種什麼樣的姿勢？為什麼如此重要？

如果煤氣中毒患者已經昏迷，必須保證患者呼吸道暢通，防止因嘔吐導致的窒息，這件事最重要。「穩定側臥位」就是解決這個很關鍵的問題所要使用的。

具體操作方法為下：

將病人一側上肢抬起放在頭一側，另一隻手掌放在對側肩上，然後將一側下肢屈曲。搶救者分別將兩手放在病人肩部和膝關節後面，將病人翻轉，成側臥位。這種姿勢的好處是，可以避免舌頭阻塞呼吸道，也方便發生嘔吐或分泌物排出，從而可以保持呼吸道暢通。

除了煤氣中毒，其他像各種原因造成的昏迷、醉酒等都需要採用這種姿勢。

我說到這裡，親愛的讀者朋友可能就要問了，側臥我們好理解，但穩定不穩定是什麼意思？穩定當然說的是穩定性，這種側臥位相對來說身體支撐面大、重心低、平衡穩定，且舒適、輕鬆。

　　不穩定性側臥位支撐面小、重心較高、難以平衡。病人為保持這樣的姿勢容易造成肌肉緊張、易疲勞、不舒適，例如：你將兩腿並齊伸直，兩臂也在兩側伸直這樣的姿勢，不信你可以自己試試。

　　穩定側臥位是急救過程中經常採用的急救體位，大家一定要掌握。不過要注意，有些情況不適合傷員採取穩定側臥位，前提是他的傷能夠允許他用側臥位，如果不允許的話就不能用側臥位，例如：出現雙側的肋骨骨折、脊椎骨折等情況。

　　姿勢和知識一樣重要。當有人受傷，在急救醫生或救護車沒趕到現場之前，須根據病人的傷情、病情，讓他保持一個最有利的姿勢，以進行搶救，或者等待救護車的到來，這個非常重要。

　　胸悶或胸部疼痛的患者，要用棉被或軟物體墊在患者背下，讓患者平臥在平坦的地方。如果患者發生了急性左心衰、呼吸困難，應該讓他坐在椅子上，雙腿下垂，頭靠在椅背上。這樣由於重力的作用，可以減少回心血量，從而減輕心臟負荷、減輕肺淤血；可以減輕腹腔臟器對膈肌的壓迫，從而減輕對肺部的壓迫，緩解呼吸困難。

　　如果患者下肢出血，要讓患者仰臥在平坦的地方，將患者的下肢墊高，並採取有效的止血；如果失血性休克的患者臉色蒼白，手腳發涼，可讓這樣的患者採取腳高頭低的姿勢平躺，將患者的下肢用東西墊高，使回心血量增加，以改善大腦、心臟等器官的缺血缺氧情況；如果患者手部或足部有外傷出血的情況，可讓患者平躺，並將傷處墊高，這樣做能減少出血量。

吃了頭孢類抗生素，就千萬別喝酒了

潘金蓮曰：「你若有心，吃我這半盞殘酒。」

如果你是武松，該怎麼辦？如何堅定又不失體面地拒絕。

武松曰：「嫂嫂，我吃了頭孢。」

我在這裡開個玩笑。

我重點強調的是吃頭孢類藥物之後，千萬不能喝酒。我相信這個禁忌不少人都已經知道了。為什麼吃頭孢不能喝酒呢？又有多少人能說出個所以然呢？

我們需要了解一下酒精的代謝過程。

大家知道，肝臟是機體進行新陳代謝中最為活躍的器官，它不僅能夠分泌膽汁，還參與營養物質的合成，體內代謝所產生的毒物和廢物，外界食入的毒物、有損肝臟的藥物，都可以透過肝臟解毒。正常情況下，乙醇在體內通過肝臟被乙醇脫氫酶氧化成乙醛，乙醛很快再被乙醛脫氫酶氧化代謝成乙酸，最後再轉化成二氧化碳和水排出體外。

吃頭孢再喝酒，頭孢類抗菌藥物和酒精在體內共同作用，會出現「雙硫侖樣反應」。雙硫侖可以抑制乙醛脫氫酶的活性，從而導致乙醛蓄積中毒。雙硫侖本來是橡膠工業的一種催化劑。

1948 年，哥本哈根研究者雅各布森發現，接觸過雙硫侖的人如果喝酒，可能出現心慌氣短、臉部潮紅、胸悶胸痛、頭痛頭暈、腹痛噁心、血壓下降，甚至休克等一系列狀況，便將這一疾病命名為「雙硫侖樣反應」。也就是說導致酒精在體內的「解毒過程」中斷，產生體內「乙醛蓄積」的中毒反應。

一般來說，飲酒前服用抗生素，大多在飲酒後幾分鐘發病；飲酒後使用抗生素，在幾分鐘或 1 小時內發病。

由於個體差異，每個人分解酒精的時間不同，且藥物在體內代謝也需要一定周期，所以醫生一般建議，服用頭孢類藥物後，最好在一週內不要喝酒。

生活中哪些藥物裡面含有雙硫侖呢？頭孢類藥物是最主要引起雙硫侖樣反應的藥物，比例將近 90%；還有甲硝唑、替硝唑等硝基咪唑類抗生素，例如：呋喃妥因、呋喃唑酮等硝基呋喃類抗生素；還有二甲雙胍、格列美脲、格列吡嗪等降糖藥，及以乙醇為溶媒的藥物製劑，例如：感冒止咳糖漿、複方甘草合劑、藿香正氣水等。服藥期間除了不能喝白酒、紅酒、黃酒、啤酒以外，含酒精的食物也不能吃，例如：啤酒鴨、酒釀湯圓、紅糟雞等等。嘴饞也別吃，等病好了再吃吧，畢竟健康第一。

再疼，也千萬別亂吃止痛藥

藥物是用來治病的，但又有俗語說：「是藥三分毒」，由此可見服用藥物也有禁忌，否則可能造成無法挽回的傷害。若想讓藥物真正起到積極的正面的作用，首先要對症下藥，還需要遵從醫囑或者按照說明書來服藥，更要注意用法與用量。甚至為了達到最佳的治療效果，還需要聯合用藥。如果胡亂用藥，不僅不能加強效果，反而會對身體造成傷害。中國每年大約有 250 萬人因為吃錯藥而損害健康，導致死亡的有 20 多萬，是交通事故致死人數的 2 倍。看，多可怕！

服用止痛藥也是同樣的原則。

疼痛本身是一種痛苦的體驗，但又是一種警示訊號，警告我們身體出現了問題。在沒有弄清原因之前，不要隨便服用止痛藥，因為止痛藥有可能掩蓋真實的病情，以致耽誤正確的診斷和治療。

如果肚子很痛，真正的病情其實是胃腸穿孔，但因服用了止痛藥讓肚子不痛了，這樣容易導致我們對病情的輕視，進而耽誤病情，不就更加危險了嗎？無論是急性疼痛還是慢性疼痛，本身都是疾病，不能夠忍，必須要即刻治療。急性疼痛會隨著病症的治癒而逐漸消失，而

慢性疼痛若不及時治療會導致神經功能紊亂，進而發展成為難治性疼痛。另外，亂服止痛藥還會引起胃腸道蠕動減弱、脹氣等症狀。

當然，止痛藥分很多種。只有針對不同病症，服用不同的藥物，才能藥到病除。不是你覺得肚子疼，吃任何一種止痛藥都會有效。

止疼藥往往會掩蓋掉真正的病因，耽誤治療。

常見的止痛藥分為這幾大類：

❶ 麻醉性止痛藥

例如：強痛定、配西汀等。用來提高機體對疼痛的抗痛能力，主要作用於大腦和脊髓，多用於癌痛和已經明確病因的嚴重疼痛。長期使用則會成癮。

❷ 非類固醇消炎止痛藥（非甾體類抗炎藥）

這就是一般人口中常說的止痛藥。其實這類藥物本身沒有止痛作用，主要是透過降低組織中前列腺素的合成，消除炎症，進而緩解疼痛，例如：阿斯匹靈、布洛芬、消炎痛、撲熱息痛等。非甾體抗炎藥的止痛作用較弱，無成癮性，使用廣泛，用於一般常見的疼痛，例如：發燒、頭痛、牙痛、肌肉痛、關節痛、神經痛、痛經等。

❸ 抗癲癇藥和抗抑鬱藥

例如：卡馬西平等。用來治療由神經本身受損引起的神經病理性疼痛，對其他疼痛無效。

❹ 解痙藥

例如：阿托品、顛茄片、山莨菪鹼等。主要用來解除空腔、臟器痙攣，緩解疼痛。

❺ 硝酸甘油等藥物

主要功效是擴張血管。可以擴張冠狀動脈，增加心肌血流量，緩解因心肌缺血引起的心絞痛。其他還有激素、調節代謝藥等。

近日，美國食品和藥物管理局（FDA）發出通告，呼籲不要濫用止痛藥。如果發生不明原因的疼痛，需要及時去醫院，向醫生詳細、準確描述症狀，醫生才能準確診斷疼痛原因，制定診療方案。

醉酒者休息時，一定要有人看護

醉酒，就是急性酒精中毒。解決醉酒最好的辦法就是別喝醉。這可不是一句廢話。高興放鬆的時候，大家都願意喝點小酒，適量飲用還可以，就怕有的人一喝就多。喝多了之後頭痛、噁心，出現疲勞、身體乏力等症狀，這說明酒精已經損害到我們的健康了。如果是急性酒精中毒，那麼可能誘發急性胃黏膜損傷，或因劇烈嘔吐導致賁門撕裂症，表現為急性上消化道出血。還可能誘發急性肝壞死、急性胰腺炎、心絞痛、急性心肌梗塞、急性腦血管病、肺炎、跌傷等，出現這些症狀可就麻煩大了。

急性酒精中毒根據表現可分為三個階段。

➡ 第一個階段為興奮期

出現臉色潮紅、頭暈、言語增多、自制力差等症狀。有的人喝多了發酒瘋、有的人胡言亂語，有的人則老老實實回去睡覺。

➡ 第二個階段為共濟失調期

出現動作笨拙、步態不穩、語無倫次且含糊不清、噁心嘔吐、脈搏洪大、心率增快、血壓增高等症狀。

➜ 第三個階段為昏睡期

一般當每分升血液中酒精濃度達到 250mg 以上時，就會出現昏睡或昏迷、臉色蒼白、皮膚濕冷、口唇青紫、瞳孔放大或正常、呼吸緩慢而有鼾聲、大小便失禁、心率增快、血壓下降等症狀。

出現這些情況，一定要額外注意，稍有不慎便有可能危及生命。當然，醉酒表現不像是考試分數線一樣有界限，條理分明地一步步進行，而且因為每個人體質不同，對於酒精的耐受性也不一樣，所以醉酒表現出來的症狀也有很大的不同。

不同酒精中毒階段的應對辦法不同，如果處於第一階段和第二階段，那麼可以讓醉酒者睡覺，依靠時間來排解酒精，也可以吃一些維生素 B，有助於縮短宿醉的恢復週期，或睡覺之前多喝一些水，以減輕第二天早上起床時的不適症狀。如果進入第三個階段，除了讓他睡覺以外，還應該及時把患者送往醫院救治。記住，醉酒的人身旁一定要留個人照顧，把他擺成穩定側臥位姿勢，萬一因為嘔吐導致窒息，可就不是難受不難受的事了，那是能要人命的事！

另外，酒精會使血管收縮。如果醉酒者處於寒冷的環境中，可能會造成體溫過低，加上醉酒者因為意識不清醒，所以這時候需要注意保暖。照顧者可以幫他蓋上厚一些的衣服或者毯子，以防醉酒者凍傷或者著涼感冒。

滿身酒味的酒精中毒者有被掩蓋病情或被誤診的風險，一些潛在的導致意識喪失的疾病，得不到及時發現和治療，例如：頭部損傷、中風、心絞痛和低血糖。

當然，解決醉酒最好的辦法就是——適量飲酒，不喝醉！

戶外意外傷害學會如何處理

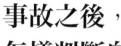

事故之後，
怎樣判斷自己或者別人是否骨折？

　　骨折就是骨頭破裂或者折斷。骨折是日常生活中常見的傷害。不過也不必過於擔心，人的骨骼沒那麼脆弱，它是堅硬而且有彈性的結構，不像粉筆輕輕拿，手一掰就輕易折斷。如果打個比方，那麼骨骼更像是樹枝。處於旺盛生長期的骨頭，有一定的韌性，遇到撞擊會變彎曲抵禦傷害，只有受到了嚴重打擊或者扭曲，或骨頭有病或老化，才會引起骨折。

　　骨折分類的方法有很多。對於非專業人員來說，骨折可以分為兩種：一種是開放性骨折；另一種是閉合性骨折。**開放性骨折**，指骨折的斷端刺破皮膚表面，造成皮膚、黏膜破損。因為有傷口，開放性骨折被皮膚上或者空氣中的細菌感染的機率很高。另一種骨折就是**閉合性骨折**，傷口處的皮膚完整無缺，但事實是骨頭可能斷裂且錯位，損傷了周圍的血管、神經和器官，有內出血的風險，可能發展為休克。

　　發生意外傷害以後，怎麼知道是否骨折了呢？僅僅用疼痛來判斷肯定是不夠的，因為普通的拉傷扭傷、關節脫位都疼。對於開放性骨折，或者常見部位（四肢、肋骨）骨折，根據觀察和簡單觸摸，一般人很容易區分開來，但有些部位的骨折，即使一些專業的醫生，有時候也會疏忽。

所以當發生意外傷害時，大家可以自我檢查，出現以下情況時，應考慮為骨折：

首先，用眼睛看。觀察是否產生畸形。我們觀看足球籃球比賽時，在激烈碰撞後，有些運動員腳踝會嚴重變形，看著嚇人。❶ 當骨折移位時，受傷肢體的形狀常有縮短、成角、旋轉等畸形。出現這樣的狀況，毫無疑問可以診斷為骨折。❷ 其次，除了觀察形態，還可以觀察活動情況。撞擊之後，肢體非關節部位出現了非正常假關節的活動，也可斷定為骨折。❸ 最後，還可以用耳朵去聽。當骨折並有移位時，骨折的斷端之間，可互相摩擦產生骨擦感或骨擦音。反常活動和骨擦音或骨擦感這兩項症狀，只可在檢查時加以注意，不可故意做這項檢查，以免增加患者痛苦，或者使銳利的骨折端損傷或加重血管、神經，及其他軟組織損傷。

只要發現有以上三種症狀之一，即可確診或懷疑骨折。

不過，沒有出現這三種症狀時，也可能發生了骨折，例如：裂縫骨折等。骨折還可以透過其他體徵去判斷：

閉合性骨折時，骨髓、周圍軟組織內的血管破裂出血，表現為軟組織腫脹，嚴重的皮膚發亮。

四肢受傷後透過直接壓痛來判斷往往不準確，因軟組織損傷同樣存在壓痛。四肢骨折，有縱向叩擊痛存在，例如：大腿骨折：當叩擊足跟部時，骨折處疼痛加重。

骨折後，肢體喪失部分或全部支撐、運動和保護功能。

需要注意的是，不能確定是否骨折時，應按骨折處理。如果脫位和骨折不好區分，那就先假設問題很嚴重，按照骨折進行固定，這樣起碼不會加重損傷。檢查時必須注意是否有血管、神經或內臟合併損傷的存在，對危及生命或後果嚴重的併發症，要首先診斷，積極治療。

野外發生骨折，急救措施的步驟要弄清楚

　　在野外活動中，如果同伴發生意外，摔傷了怎麼辦？這時候，需要按照上一章節介紹的方法，判斷一下傷者有沒有骨折。脫位和骨折不好區分，那就先假設問題很嚴重，按照骨折進行固定總歸沒壞處。

　　然後插播一條「老掉牙的腦筋急轉彎」：把大象放進冰箱要幾步？答：三步。第一步打開冰箱門；第二步把大象放進冰箱；第三步關上冰箱門。如果把長頸鹿放進冰箱呢？四步。第一步打開冰箱門；第二步把大象取出來；第三步把長頸鹿放進冰箱；第四步關上冰箱門。

　　你看，步驟有條不紊。

　　骨折固定，也是同樣的原則，需要根據輕重緩急一步步進行。如果大象還沒取出來，怎麼可能把長頸鹿塞進冰箱呢？因此，針對野外發生骨折進行急救的幾個注意事項，我在這裡向大家說明。

　　先救命，後治傷。如傷者心跳、呼吸停止，應立即進行心肺復甦，救命為第一優先。

　　如有大血管破裂出血，立即進行有效止血。四肢開放性骨折有大出

血時，不能濫用繩索或電線捆紮肢體，可用寬布條、橡皮膠管在傷口上方捆紮。捆紮不要太緊，以不出血為準。上肢捆紮止血帶應在上臂的上方 1/3 處，以避免損傷橈神經。如有皮膚傷口及出血的，要清除可見的髒污物，然後用乾淨的棉花或毛巾等加壓包紮。

妥善固定是骨折急救時最重要的環節。因為有效的骨折固定，可以避免骨折斷端在搬運移動時，造成或加重軟組織、血管、神經或內臟的損傷；骨折固定還可以起到一定的止痛作用，有效避免休克。

閉合性骨折直接固定。如果閉合性骨折的部位是下肢，則需要就地固定。

用夾板固定時，夾板必須托住整個傷肢，夾板不要直接接觸皮膚，要先用柔軟的材料墊好。

如果野外沒有專用的夾板，可以使用木板、竹板、樹枝、秸稈等；沒有專用敷料，可以利用棉花、衣帽、紗布、毛巾、草、樹葉等；固定夾板可以用繩子、腰帶、鞋帶、衣服布條等等。

如果骨折斷端已經穿破傷口、暴露在外，並已受污染，則不應把骨折的斷端送回傷口內，以免將髒污物帶進傷口深部。

四肢骨折固定，要先固定近端，後固定遠端，不可顛倒順序。同時，盡量露出四肢的末端，以便觀察血液循環情況。

肱骨、尺骨、橈骨等骨折固定時，肘關節要屈曲，角度稍微小於90°，再用懸臂帶懸吊於胸前；股骨、脛骨、腓骨等骨折固定時，膝關節要伸直。

妥善固定好之後將傷員迅速送往醫院。

我的鎖骨損傷了，今後還怎麼「養魚」？

現在社會上對女性的審美是以瘦為美，骨感即性感。那麼問題來了，骨感的「骨」說的是哪個部位呢？肯定不是顴骨突出。其實，美女骨感看的部位是鎖骨。女性領口開口大，露出鎖骨露出肩，呈現出的就是骨感美。有的美女還在影片裡展示自己的「鎖骨養魚」，這是要把骨感發揮到極致的節奏哦！

鎖骨是連接上肢與軀幹之間的唯一骨性支架，在肩胛骨和上胸骨之間形成「支柱」。平時一說到骨折大部分先想到的是老年人。老年人常因為骨質疏鬆導致股骨等部位骨折。

鎖骨損傷更像是年輕人的專利，年輕人活潑好動，在運動中最容易造成骨折。因為鎖骨位於皮下，受外力作用時易發生骨折。和大家想像中不一樣的是，鎖骨受傷主要是間接暴力作用引起，很少因為直接打擊而折斷。常見傷害通常來自肩部或手臂的衝擊傳到鎖骨，產生的間接壓力所引起，例如：跌倒時外展的胳膊著地等。鎖骨的斷端錯位可引起腫脹、周圍組織出血和肩部畸形。

鎖骨損傷後，如果旁邊沒人，可以運用方法進行自我救助：

嘗試著托住受傷手臂的胳膊肘，然後把頭偏向受傷一側，同時肌肉放鬆，就可以稍稍減輕疼痛感。

　　處理此類傷害的時候，可能會有疼痛感和二次傷害，所以在前往醫院尋求專業救治之前最好的做法是進行固定。固定是一門學問，並不是隨意處置都可以。通常鎖骨骨折時，患者仍可行走或坐、站立，救援人員不能抱、背傷員就醫，以免造成其他傷害，更不能將患者的手臂、肩膀隨意搬動，避免加重痛苦和傷害。我曾親身經歷了這樣一個病例，有一個孩子在足球比賽中和別人相撞，鎖骨骨折，周圍的人跑過來幫忙，把這孩子用木條紮成十字架，孩子疼得死去活來。

　　固定的目的是制動，就是限制受傷的肢體活動。如果不做處理就送往醫院，由於骨頭斷端很鋒利，在運送過程中可能會損傷到周圍神經，使傷情更嚴重。記住，固定不是復位，更不是矯正畸形，也不是你一出手就把骨頭接好了。完全不是這麼回事！而不提倡復位是因為一般人並沒有掌握醫生專業的復位手法，一旦盲目復位，後果往往是得不償失。

　　鎖骨骨折可採用「8」字固定法，先在傷員兩側腋下放好襯墊，再將三角巾折疊成四指寬的條帶，以橫「8」字形纏繞兩肩，使兩肩向後，胸部前挺，在背部交叉處打結固定。

　　這樣簡單處理好以後，就盡快送去醫院。當然，最好在去醫院的路上依然能夠保持坐姿。

一個公主抱，竟然讓胳膊骨折了？

談戀愛，年輕人最嚮往的姿勢據說有三種：摸頭殺、公主抱、壁咚。公主抱近年來頗受網友追捧，是浪漫一詞的象徵，雖然較其他抱姿費力，但因極具美感而深受青年男女們的青睞。

不過浪漫歸浪漫，公主抱很考驗男生的體力和臂力。有男孩子與女友慶祝節日，吃完浪漫晚餐後，男孩子給 **65kg** 的女友來了一個公主抱，沒想到把女友摔落在地。女友本能地用手扶地，就聽見「嘩嚓」一聲，靠近手部的前臂（前臂的遠端）劇烈疼痛，畸形呈「鏟形手」，去醫院確診為「前臂遠端骨折」。

上肢由於經常運動，也容易造成骨折。機器創傷，受外力直接打擊、擠壓或跌倒時手掌著地，身體向一側傾斜，都是骨折的常見原因。

上肢骨折分為兩種，一種是上臂（肱骨），一種是前臂，所以急救方法也有區別。

肱骨處骨折常發生在跌倒時上肢直伸，肩部著地或跌倒時肘部、腕部先著地；肱骨中段骨折多見上臂中部遭受直接擊打，或跌倒時肘部

或手著地引起；肱骨下端骨折多見於兒童，多由於摔倒時肘部半伸直、手掌先著地引起。

關於上臂骨折固定，我來教大家兩種簡單方法：

❶ 如果現場能夠找來夾板就較好處理了。準備兩塊夾板，分別放在上臂內、外側（如果只有一塊夾板，放在上臂外側），用繃帶或三角巾固定夾板的上下兩端；然後用小懸臂帶將前臂懸吊於胸前，使關節屈曲；再用一個折疊好的條帶橫放於前臂上方，連同小懸臂帶及上臂與軀幹固定在一起就可以了。

公主抱，竟然抱出了骨折？

❷ 如果找不到夾板時，可將兩塊三角巾分別折疊成四、五橫指寬的條帶，分別固定骨折部位的上下兩端，將上臂直接固定在軀幹上；再用小懸臂帶將前臂懸吊於胸前，使肘關節屈曲。

我再來說前臂（尺骨、橈骨）骨折。它的症狀表現為：腫脹、壓痛，皮下瘀斑較嚴重，有時有骨摩擦感。前臂骨折處可能發生側方移位、重疊、旋轉、成角畸形。

前臂骨折固定法同樣也可以分成有夾板和沒夾板兩種：

❶ 如果有夾板，將兩塊從肘至手心的夾板分別放在前臂的手掌側與手背側（如果只有一塊夾板，放置在前臂手背側），在傷者手心墊好棉花等軟物，讓傷者握好夾板，腕關節稍向掌心方向屈曲，然後分別固定夾板兩端；再用大懸臂帶將前臂懸吊於胸前，使肘關節屈曲。

❷ 無夾板時，將傷側肘關節屈曲貼於胸前，把手插入第三、四顆鈕扣間的衣襟內，再將傷側衣襟向外反折、上提翻起，把傷側衣襟下面與健側衣襟上面的鈕扣與扣眼相扣，最後用腰帶或三角巾條帶，經傷側肘關節方環繞一圈後，打結固定，這種充分利用傷者上衣固定的辦法也挺不錯的。

「別動，斷了，叫人！」

周星馳電影《功夫》裡有這樣搞笑的鏡頭，相信大家都印象深刻：斧頭幫二當家帶著手下向「豬籠城寨」走進來，烏雲的陰影蓋住了城寨廣場的所有住戶，當他拿斧頭砍向一個叫醬爆的年輕人的時候，鏡頭一轉，這位二當家莫名其妙地被塞進了垃圾桶。眾人要拉他，他趕忙說：「別動，斷了，叫人！」

於是，一支穿雲箭，千軍萬馬來相見……

二當家嘴裡的「斷了」，說的是腰斷了，也就是脊柱骨折。同其他骨折相比，脊柱骨折往往要嚴重許多。

脊柱骨折主要表現為局部疼痛、腫脹、脊柱活動受限、骨折處有明顯壓痛和叩擊痛；胸腰椎骨折常有後突或側突畸形；合併截癱時，損傷脊髓平面以下感覺、運動障礙；高位截癱時，四肢癱瘓，可出現呼吸困難，甚至呼吸停止。

脊柱骨折，脊髓或神經末梢會因此受到壓迫而損傷；如果脊髓部分或全部斷裂，則會造成永久性損害。

脊柱、脊髓損傷主要常見於高空墜落，四肢或臀部先著地；重物從高空砸在頭部或肩部；暴力直接衝擊在脊柱上；還有就是彎腰弓背的時候，突然遭受外界暴力擠壓的作用。

　　脊柱骨折時，千萬不要將傷員拖離原位，除非現場仍然沒有脫離險境。這時候要用硬板擔架或專業擔架。

　　脊柱骨折時常伴有頸、腰椎骨折。進行急救時，頸椎骨折要用衣物、枕頭擠在頭頸兩側，使其固定。如果胸腰脊柱骨折，運送中要用硬板床、擔架、門板，盡量不要用軟床。胸、腰、腹部連帶損傷時，在搬運中腰部要墊小枕頭或衣物。

　　一旦有人發生或懷疑發生脊柱、脊髓損傷，如果施救者未經過急救專業培訓，建議不要搬動傷員，也不要讓別人搬動，應盡快撥打急救電話119，請專業急救人員處理，以免加重損傷，甚至危及生命。

　　無論是否確定完全或不完全骨折損傷，均應在現場做好固定且防治併發症，特別要以最快方式送往醫院急救。同時在護送途中應嚴密觀察傷員，到醫院後第一時間將症狀告訴醫生，醫生才能對症下藥。

下肢骨折的固定，一二三四！

和上肢骨折一樣，下肢骨折的固定也需要分為大腿和小腿兩種方式。

大腿骨折，也就是股骨骨折，比較常見的是老年人摔倒，髖關節著地，造成股骨頸骨折。

股骨頸骨折後，救護車到來前的處置，首先要做的仍然是固定措施。施救者應讓傷者仰臥，傷肢伸直，並用兩塊夾板分別放在大腿內、外兩側。

然後固定大腿，內側夾板要使用從大腿根部至足跟長度的夾板，外側固定要使用從腋窩至足跟長度的長夾板。如果只有一塊夾板，那就放在大腿外側，將健肢當作內側夾板。因為身體不是絕對的直線，所以要在關節的地方和空隙部位加襯墊。

這一步完成後，可用四、五指寬的條帶，固定好骨折部位兩端和胸部、腰部、大腿的上下兩端、膝關節稍下的部位和踝部。踝部與足部還是用之前教給大家的「8」字形固定，以免傷側足部外旋。

小腿骨折就是脛骨骨折、腓骨骨折，由重物打擊、撞傷、軋傷、砸傷、扭傷等間接外力造成，一般常見於青壯年和兒童。它的傷情表現為腫脹、疼痛，不能使勁，常有開放性傷口。

　　小腿骨折固定使用的兩塊夾板的長度都是從大腿下段至足跟的長度，並分別放在小腿的內、外兩側。關節處加襯墊後，固定骨折部位上下兩端，和大腿中部、膝部、踝部。踝部和足部採用「8」字形固定。

　　為了保護好受傷部位，大腿骨折和小腿骨折打結雖然都分為四個步驟，但順序不一樣：

❶ 第一步，大腿骨折先綁住踝關節和雙腳。

❷ 第二步，綁在膝關節下面。

❸ 第三步，綁在靠近骨折部位的近上端。

❹ 第四步，綁在靠近骨折部位的近下端。

　　小腿骨折打結順序第一步和大腿一樣，把踝關節和雙腳綁牢固，然後綁緊大腿中部，最後兩步是綁牢骨折部位的近上端和近下端。從上往下看，大腿打結的次序是 3、4、2、1，小腿打結的次序是 2、3、4、1，這個一定要注意有所區別。

　　固定完畢，在打結的時候要注意，繩結須打在健側腿那邊。

肋骨為什麼總是那麼「脆弱」？

肋骨其實挺「脆弱」的，除了摔傷之外，在重物打擊、碰撞、拳擊等直接暴力作用於肋骨時，均可導致該肋骨發生骨折。若骨折斷端刺破胸膜，空氣從外界進入胸膜腔，可形成氣胸；進入的空氣使傷側肺萎陷，影響正常呼吸、循環功能。

如何判斷肋骨是否骨折？一般而言，局部疼痛是最明顯的症狀，並且隨咳嗽、深呼吸或身體轉動等運動而加重；有時病人可自己聽到或感覺到肋骨骨折處有「咯噔咯噔」的骨摩擦音。骨折可發生在一根或數根肋骨上，每一根肋骨一般只有一處折斷，也有少數為肋骨前後兩處被折斷。

在童年階段和青年階段，肋骨本身還是富有彈性，且不易折斷。但隨著年齡增加，尤其到了老年階段很容易發生肋骨骨折。由於老年人骨骼發生骨質疏鬆，肋骨逐漸失去彈性，對外力的承受力較差，尤其直接暴力作用於胸部時，很容易引起胸部肋骨骨折。

肋骨骨折常發生於受打擊的部位，同時胸內臟器也會受到損傷。當間接暴力作用於胸部時，例如：胸部受擠壓的暴力，肋骨骨折發生於

暴力作用點以外的部位，骨折端向外，容易損傷胸壁軟組織，產生胸部血腫。

肋骨骨折多發生在第 4 ～ 7 肋，知道為什麼嗎？因為第 1 ～ 3 肋較短，有鎖骨、肩胛骨及肩帶肌群的保護而不易傷折；第 8 ～ 10 肋逐漸次變短且連接於軟骨肋弓上，有彈性緩衝，骨折機會減少；第 11 肋和第 12 肋為浮肋，活動度較大，自然也少骨折。不過也不是絕對這樣，當暴力強大時，這些肋骨也有可能發生骨折。

發生骨折後，如何正確包紮？ 可用三條三角巾，均折疊為四、五橫指寬的條帶，分別圍繞胸部緊緊包紮，在健側腋中線打結，使三條條帶鬆緊度相同，再用三角懸臂帶懸吊傷側前臂，還可用另一條帶放在肘關節以上的部位，在胸部環繞一圈，在健側腋下打結。

骨折部位可能伴有腫脹、青紫、出血、肌肉組織損傷等情況，機體本身有抵抗修復能力，而機體修復組織化瘀水腫的能力主要來自各種營養素，因此保證骨折患者順利癒合的關鍵就是營養。

骨折患者行動不便，應盡量減少行動。

急救設備的替代品

　　生活中難免會遇到一些碰碰撞撞的突發狀況，例如：骨折。凡是發生骨折或者疑似骨折的傷員，都必須立即在現場採取骨折臨時固定措施，注意固定的目的只是限制肢體活動，不要試圖去復位。

　　面對骨折，即使你掌握了必要的救護技能，也還是需要有一些必要的固定材料，尤其當身處戶外，就得學會就地取材，巧妙利用身邊僅有的物品進行急救。當然，這就要考驗你隨機應變的能力和智慧了。

　　下面我為大家介紹在突發狀況下，如何利用身邊物品製作成急救材料。

　　骨折固定用的專業材料，例如：攜帶方便、使用簡便、效果可靠的鋁芯塑形夾板，用手可任意塑形，還有充氣夾板等。這些專業醫療急救用具都很不錯，但一般人不可能隨身攜帶這些材料。

　　不過為了臨時應急，我們可以就地取材。我推薦大家一款非常好的夾板替代品，就是雜誌。雜誌有一定的光滑度，硬度也夠，捲起來可以很好地護住受傷肢體。而且日常生活中隨處可見，使用起來特別方便。

除了雜誌，書本、木板、竹片、竹竿、直尺、厚包裝紙、雨傘、拐杖，均能在骨折時作為夾板使用。需要提醒的是，夾板必須扶托住整個傷肢，夾板長度應包括骨折部位兩端的關節。這些固定材料不要直接與皮膚接觸，要用棉墊、毛巾、衣物等柔軟物墊好，尤其骨突部位與懸空部位更要墊好。

　　當然，還可以充分利用衣服，把衣服撕成條帶狀，把骨折的下肢固定在健肢上，把骨折的上臂固定在軀幹上。

　　四肢骨折固定時，應盡量露出四肢末端，以觀察血液循環情況，如果出現蒼白、青紫、發冷、麻木等現象，應立即鬆解查清原因，重新調整夾板的位置或鬆緊，以免肢體缺血、壞死或損傷神經。

止血帶、繃帶、敷料和三角巾是急救法寶

止血帶、繃帶、敷料和三角巾是外傷急救必備的法寶。

止血帶結紮在出血肢體上可以達到止血的目的，結紮在毒蛇咬傷的肢體上，可以阻斷或降低淋巴回流的速度、減緩蛇毒的擴散，這些方法簡單、有效，可以挽救生命。有天然橡膠或特種橡膠材質的止血帶，還有卡扣式止血帶、旋壓式止血帶等。

繃帶是包紮傷口的紗布帶，用紗布或棉布製成，適用於身體各部位的包紮。

敷料是醫用脫脂無菌紗布，用於覆蓋傷口。

三角巾是一種使用方便、快速的包紮材料，同時又可作為骨折固定的材料，還可當止血帶使用。

這些急救材料雖然藥局裡都有賣，但是應急時仍有可能不能及時獲取，此時又到了從身旁隨手使用的東西中「淘寶」的時刻了。

一些生活用品可用來當作止血帶、繃帶、三角巾或者敷料，當大動脈破裂，大出血時可以救命。

受傷時可以解下領帶或撕開衣服當作包紮材料、止血帶，骨折時也可以當作固定材料。

不論是新的、穿在身上的衣服，還是舊的長筒襪，應急處理時都可作為繃帶用。

大圍巾可作為繃帶或吊帶用。

毛巾、手帕、手巾可作為出血時，止血或者冷濕敷用。

衛生棉可作為控制大量出血的敷料使用，也可當作夾板的襯墊。

還有一些日常用品也有急救的神奇效果。

保鮮膜除去表面幾圈後，可直接覆蓋在潰爛的創面上，可起暫時的保護作用，防止污染。保鮮袋也可起類似作用。

出現擦傷，可以用清水替代冰塊或生理鹽水，用來清洗傷口。

冰凍礦泉水、冰棒或其他冰鎮飲料，是現成的冰敷包。患處冰敷可以減少局部充血、水腫。

冷凍豌豆或其他小顆粒的冷凍食品可用於冰敷扭傷或拉傷的部位。可將冷凍的豌豆用毛巾或乾布包裹起來，放置於傷處，同時可以透過揉捏豌豆包的形狀，使它適用於不同的受傷部位，且不用擔心退冰後流水。

戶外受傷，簡易擔架該怎麼製作？

戶外有人受傷，應該先進行現場搶救，待傷情穩定後，還須安全、迅速地將傷員送往醫院進行後續救治。如果搬運傷員方法不當，可能事與願違、前功盡棄，造成傷員終身殘疾，甚至危及生命。因此，掌握正確的搬運技術也是搶救傷員重要的一部分。如果能夠聯繫到急救中心，事情就好辦了。如果需要擔架，急救中心有專業擔架。如果在野外，例如：森林、沙漠、深山等環境中，救護車無法到達，更沒有電話訊號，根本就無法聯繫上急救中心，也就更談不上專業的搬運工具，只能就地取材來製作簡易擔架了。

那麼該如何製作擔架呢？下面介紹幾種簡易擔架的製作方法：

❶ 床板或門板可以作為擔架使用，擔架的四個角各有一人，可將擔架抬走。

❷ 毯子（床單、被子等）＋木棍（竹竿、鐵管等）：把毯子或床單展開，在中間的 1/3 處兩邊各放上一根結實的木棍，先把其中一邊的毯子對折，壓住同側的木棍；用另一側的木棍壓住折疊過去的毯子邊緣，再把這側毯子對折即可。

❸ 上衣＋木棍（竹竿、鐵管等）：兩個人的雙手分別握住兩根木棍的兩端，彎腰，伸直兩臂，第三個人分別從頭部脫下兩個人的衣服（扣好鈕扣或拉上拉鏈），套在兩根木棍上。

❹ 編織袋（麻袋等）＋木棍（竹竿、鐵管等）：分別把兩個編織袋的兩個底角剪開，再用兩根木棍分別穿入編織袋內，使兩個編織袋套在兩根木棍上。

這樣簡易的擔架就製作成功了。

救護車到來前，單人徒手搬運傷員有講究

　　如果現場依然有起火、爆炸等危險的狀況發生，應該盡快讓傷員脫離「水深火熱」的危險環境。但在身邊沒有其他人幫忙的危急情況下，該怎麼辦呢？

　　我在這裡向大家介紹幾種簡單易實行的、單人徒手搬運傷員的方法。

　　如果傷者意識清醒，單側下肢軟組織受傷，在有人幫助下，能自己行走，就可以採取單人扶行法。救護者站在傷員的傷側，讓傷員摟住自己的頸部，一手握住傷員手腕，另一隻手扶住傷員腰部，隨著傷員緩慢行走，可邊走邊安慰傷員的情緒。

　　如果傷者意識清醒，也沒有脊柱、胸部損傷，但屬於老弱、年幼傷員，在這種情況下可以選擇背負法。搶救者蹲或半蹲在傷員前面，微彎背部，將傷員背起，保證傷員的雙手能抓住搶救者的脖頸。

　　如果傷員不能站立，則救護者躺於傷員一側，一手緊握傷員肩部，另一手抱起傷員的腿用力翻身，使其趴在自己背上，然後再慢慢站起來。

如果是體重較輕的傷員，那麼可採用抱持法。把一側手臂放在傷員背後，用手摟住腋下，另一手臂放在傷員雙側膕窩下面，將傷員抱起。可讓傷員摟住自己的頸部。切記，脊柱損傷或下肢骨折者禁用此方法。

　　如果傷者體型較大且體重較重，而且處於昏迷狀態，則不適合採用其他徒手搬運傷員的方法。在這種情況下應該這樣做：抓住傷員雙肩或雙踝將傷員拖走；也可將傷員衣服鈕扣解開，把衣服拉至頭上，拉住衣領將傷員拖走。這種情況可能會使得傷員頭部受傷，所以一定要記得將頭部保護好。也可將傷員放在被褥、毯子等上面拖行。

　　如果傷員處於狹小空間且充滿濃煙的環境下，無論傷員清醒或者昏迷都要選擇爬行法。爬行法就是讓傷員仰臥，用毛巾或領帶把他的雙手從手腕處固定，然後騎跨在傷員身體兩側，把傷員綁住的雙手套在自己的脖子上，然後雙手撐地爬行，脫離危險場地。

單人徒手搬運傷員姿勢有講究。

簡單易行、操作性強的雙人搬運法

一般來說，單人搬運法多用於輕傷員，或者體重較輕人員；雙人搬運法適用於不能活動、體重較重者；還有三人搬運法，適用於病情較重或不能活動、體重超重的病人；四人搬運法除了可用來搬運相撲運動員那樣超重的傷員外，主要還適用於頸椎、腰椎骨折的病人或病情危重患者。

下面我重點為大家介紹幾種雙人搬運法：

➡ 椅托式搬運法

兩名搶救者面對面站在傷員兩側，分別將一側的手伸到傷員背後，並抓緊傷員的腰帶，再將各自的另一隻手伸到傷員大腿下面，握住對方手腕，同時起立，先邁開外側腿，保持步調一致。此方法適用於意識清楚的體弱者。胸部受傷者常伴有開放性血氣胸。如須包紮搬運已封閉的氣胸傷病員，則以座椅式搬運為宜。

➡ 轎杠式搬運法

兩名搶救者，各自用右手握住自己的左手腕，再用左手握住對方的右手腕，然後再讓傷員坐在搶救者相互緊握的手上，同時兩臂分別摟

住兩名搶救者的頸部。兩名搶救者同時起立，先邁開外側腿，保持步調一致。此方法適用於意識清楚的體弱者。

➡ 雙人拉車式搬運法

兩名搶救者，一人在傷員背後，兩臂從傷員腋下通過，環抱胸部，將傷員兩臂交叉胸前，再握住傷員手腕；另一人面向前，身體在傷員兩腿之間，抬起傷員兩腿。兩名搶救者一前一後行走。此方法適用於意識不清者。如果脊柱、下肢骨折者，禁用此方法。

當然，相比於單人搬運法，用雙人搬運法搬運傷員更容易控制。但因為是兩人配合，行進時要額外小心，只有在緊急情況下才能使用這種方法。

除了徒手搬運，還可以使用搬運工具，例如：專業的搬運椅及擔架等。

溺水急救，回答ABC才能得分

現場心肺復甦術主要分為三個步驟，分別指胸外心臟按壓（Circulation）、暢通呼吸道（Airway）、人工呼吸（Breathing），也就是人們常聽到的 CAB。不過，在溺水急救中，急救的心肺復甦要按照 ABC 的順序，即**暢通呼吸道→人工呼吸→胸外心臟按壓**，而不是前面講的 CAB 順序。這是因為，絕大多數的心臟驟停，都是心跳先停，接下來呼吸停止，所以要先做胸外心臟按壓；而溺水、哮喘等原因導致的心臟驟停為窒息性心臟驟停，是呼吸先停，然後心跳才停。心臟停搏是被呼吸停止連累的，所以復甦的關鍵就在恢復呼吸上。

如果遇到溺水者，可以按照以下步驟進行急救：迅速將溺水者救離水中，一律不控水，呼吸心跳已停止者，按 ABC 的復甦操作順序，立即進行心肺復甦。迅速清理口鼻內異物，暢通呼吸道後，立即連續做 5 次口對口吹氣，再做 30 次胸外心臟按壓，之後每吹 2 次氣、做 30 次胸外心臟按壓，直至救護車到達。

接下來是每次急救過程中不可或缺的步驟——撥打急救電話 119。如果溺水者昏迷過程中碰撞到礁石等異物造成頭、頸部損傷，也要及時進行處理。

通常心臟驟停的時間超過 4 分鐘，腦組織則會發生永久性損害，超過 10 分鐘就會腦死亡，而溺水導致的心臟驟停，即使超過 10 分鐘，也應積極搶救。

當然，溺水進行到心肺復甦這一步的時候已經晚了，最好是發生溺水後及時自救、互救。發生溺水後，不會游泳的人除呼救外，採取仰泳姿勢，頭部向後，使鼻部露出水面呼吸。千萬不要試圖將整個頭部伸出水面，因為對於不會游泳的人來說將頭伸出水面是不可能的事。呼吸時盡量用嘴吸氣、用鼻呼氣，以防嗆水，同時呼氣要淺，吸氣要深。因為深吸氣時，人體比重會降至比水略輕，即可浮出水面。

如果發現有別人落水，應立即大聲呼叫，請求支援。若未學過水中救生技術，不可貿然入水救人。如果對神志喪失的落水者進行施救，而且你還學過水中救生技術，可以游過去使落水者的臉朝上並救至岸上，但要小心水流過急。如果水很深，請找一條船去救落水者。

如果此時周圍沒有船，只有你的游泳技術很好，才可以遊過去將溺水者臉朝上救助上岸。若溺水者離岸不遠，則可用竹竿、木棍等，從岸上施救，或對他拋擲救生圈、救生繩帶、繩子等救生用品，均可使溺水者獲救。

搶救溺水者，一律不控水！

　　將溺水者救上岸之後該如何搶救呢？到底要不要控水？在這一點上，我發現網路上有各種關於控水觀點錯誤的文章和圖片在傳播。有的影片顯示，一個人握住孩子雙踝，倒背著孩子跑步，以此來控水，認為水控出來，孩子就得救了。

　　告訴大家，這樣的急救是錯誤的，控水這種做法不僅沒必要，反而有害。

　　為什麼呢？我跟大家說一下不控水的原則。

　　溺水者中，有一部分人的呼吸道根本就沒進水。因為嗆水的那一刹那，溺水者由於緊張，加上冷水的刺激，聲門閉鎖，這樣水根本無法進入。呼吸道裡沒水，當然就不用控水了。由於溺水者聲門閉鎖，無法進行氣體交換，同樣會發生窒息，造成嗆水窒息的假象。

　　而就算是水被吸入溺水者的呼吸道了，水量也很小，且也可以被吸收，然後進入血液循環，用不著控出來。有人會說控水即便沒用，也不見得就有害啊。以下我們來說說控水「害在哪裡」。

控水的實際效果很差。例如：有些人剛吃飽飯就下到水中，容易引起胃內容物反流和誤吸，使分泌物進入溺水者的呼吸道，反而會引起窒息，還可能導致肺部感染。再說，搶救溺水者最重要的一點是抓緊時間，忙著倒立彎腰控水，占用或者耽誤了為溺水者做心肺復甦的時間，反而讓溺水者錯過復甦的可能。

有人反駁，背著孩子跑圈，或放在膝蓋上控水的，你們指責說是方法不對，但是人家的確把人救活了呀！這怎麼說？實際上，這類溺水者的心跳、呼吸肯定沒有停止，只是暫時喪失了意識而已，即便不背著跑也能救活。

關於對溺水者最有效的搶救步驟和方法，有一個認知過程。最早的理論是「一律先控水」。在人類漫長的歷史中，一直認為既然水進入了肺部，甚至進入了消化道，控水是理所當然、無可爭議的，所以在搶救溺水者時，會把「控水」作為搶救的第一步。

後來人們的知識水平不斷提高，演變成「海水控水、淡水不控水」，理由則是：淡水含鹽量為 0，海水含鹽量約為 3.5%，人體血漿含鹽量約為 0.9%。

如為海水溺水，由於海水滲透壓高於血漿滲透壓，機體的水分會進入肺內，肺內的水分則會越來越多，致使肺部「淹溺」；如為淡水溺水，由於淡水的滲透壓低於血漿滲透壓，已經進入肺部的水分會迅速進入血液循環，肺內的水分會明顯減少或消失。

因此，海水溺水必須控水，而淡水溺水則無須控水。但最近十幾年的實踐給出的溺水搶救原則是「無論海水、淡水，一律不控水」了。

2020 年新版《心肺復甦指南》指出，沒有證據表明水能成為阻塞呼吸道的異物，不要浪費時間用腹部或胸部衝擊法來控水。《2010 美國心臟協會心肺復甦及心血管急救指南》也明確指出：溺水無須控水！

雖然溺水後不用控水，但是口腔鼻腔裡的泥沙、嘔吐物一定要去除，以保障呼吸道暢通。

　　科學在進步，知識在更新。我現在經常看到網路上還有人傳播錯誤的關於溺水搶救控水的文章和圖片，真讓人心急！拜託大家閱後多多宣傳正確有效的急救方法，以免自誤或誤人！

游泳時抽筋怎麼辦？別慌，先浮出水面

很多人在游泳的過程中會突然出現腿抽筋的危險狀況。這主要是由於身體過度疲勞、游泳時間過久或突然受冷水刺激導致的。這時候最好能夠立即上岸擦乾身體。

在日常生活中，也會因為運動時肌肉動作不協調，或者是大量出汗、嘔吐或腹瀉後體內鹽分減失，造成抽筋。平時抽筋一般不會有危險，但是如果在游泳時突然發生肌肉痙攣，一時間驚慌失措或者處理不當，再加上身邊沒有其他人，就有可能溺水而亡。

如果在水中游泳時突然腿抽筋了，該怎麼做呢？

首先，不要過度緊張，及時浮出水面，進行呼救。其次，在救援人員到來之後要積極配合，上岸後邊按摩邊做伸直屈腿動作，一般做十幾次就能緩解抽筋疼痛。

如果游泳時發生抽筋，尤其周圍沒有人時，不要慌亂，也不要強硬上岸，否則會適得其反，而產生溺斃的風險。這個時候要讓自己漂浮到水面上，控制抽筋部位，經過休息後，抽筋症狀就能自行緩解。

如果是小腿抽筋，先深吸一口氣，把頭潛入水中，使背部浮出水面，兩手抓住腳尖，用力向自身方向拉，同時雙腿用力伸。一次不行，可以反覆幾次。而小腿肚抽筋最常見，因小腿肚離心臟較遠，最易受涼，所以容易發生過度收縮。

　　如果是大腿抽筋，需仰浮水面，使抽筋的腿屈曲，然後用雙手抱住小腿用力，使小腿貼在大腿上。

　　如果是上臂抽筋，需握拳，並盡力曲肘關節，然後用力伸直，如此反覆數次。

　　如果是手指抽筋，可先用力握拳，再用力張開；張開後，又迅速握拳，如此反覆數次，直至抽筋緩解為止。

　　如果是手掌抽筋，需用另一隻手掌將抽筋手掌用力壓向背側，使之做伸展運動。

　　如果是腹直肌抽筋，即腹部（胃部）處抽筋，需彎曲下肢靠近腹部，用手抱膝，隨即向前伸直。

　　總之，在游泳時，抽筋絕大多數與每個人的體質有關，主要是因體內熱量、鹽量、鈣磷供應不足所致。另外，抽筋與睡眠也有一定關係。因此，平時注意補充鈣和維生素 D，注意多補充體內熱量。游泳前要做好充分的熱身準備活動，讓身體都活動開。這時下肢的血液循環順暢，就能避免腿抽筋。此外，游泳前要注意保持充足的睡眠。

耳內突然進異物，取出來的小技巧

耳道進入異物這樣的事很常見，一般人都會選擇自己處理。如果方法正確的話沒問題，但是不能不當回事，否則會引起耳部不適，發生疼痛，嚴重的話，甚至影響聽力，導致耳鳴、耳聾。

曾經有一對小情侶在賓館休息，其中一人突然耳道刺痛，到醫院後，醫生發現其左耳的耳道裡有一隻蟲子，這隻蟲子咬破鼓膜造成耳內潰爛，致使患者的聽力受到損害。

耳朵裡面進蟲子，一定要想方設法地將蟲子取出來。針對蟲子的特性，取出耳道裡的蟲子有好幾種方法：

如果蟲子在耳朵比較淺的地方，可以在他人的幫助下，用鑷子將蟲子夾出來；也可以利用蟲子的趨光性，在黑暗處用手電筒照射耳朵，吸引蟲子自動爬出來；還可以用喝飲料的吸管，把香菸霧徐徐吹入耳中，將蟲子燻出來；用蔥汁加麻油，或者嬰兒油、沙拉油，滴 3 ～ 5 滴入耳，過 2 ～ 3 分鐘後，把頭歪向患側，小蟲會隨著油流淌出來；滴幾滴眼藥水也可以，很安全的，不用擔心會對耳朵造成任何的傷害。

提醒一句，當蟲子出來後，或者是其他異物出來後，須用水清潔耳道。有些人將汽油等刺激性物品倒入耳道，在消滅蟲子的同時，對耳道也有較強的灼傷，這樣的方法不可取。

利用趨光性，用手電筒照射，吸引蟲子主動爬出耳朵。

　　耳內異物有好多種類型，除了飛蟲、蟑螂等小昆蟲，還有豆類、種子，以及石子、小玩具等，各類異物都有不同的處理方法。

　　對於豆粒等植物性異物，可用白酒或 95% 的酒精滴入患耳，異物脫水縮小，就容易掉出來了。對有硬殼的植物類異物，例如：瓜子、麥粒等，處理方法同雜物類。

　　耳道進水時，將頭側向患側，用手將耳朵往下拉，然後用同側腳在地上跳幾下，水會很快流出；也可用棉花棒或用乾燥的棉花纏在火柴棒頭上，輕插外耳道，在耳內旋轉幾次，吸乾淨就好。

如果是玻璃珠之類的小物件，使進入異物的耳朵下傾，將耳廓向後上方牽引，連連輕擊頭的另一側，小的異物即可掉出。鐵屑或其他鐵性異物，可用細條狀磁鐵伸入外耳道口將其吸出。生石灰入耳，應用鑷子夾出或用棉花棒將石灰擦拭出。

　　這些異物不要用水沖洗：像豆類遇水會膨脹，脹大後卡在外耳道內更難取出；像生石灰類遇水產熱反而燙傷黏膜，千萬不要用水沖。另外，有鼓膜損傷的患者也不能用水沖法或滴油法。

　　異物入耳後如採用上述方法仍不能取出時，應去醫院請醫生取出，切不可強行取出，也不可讓異物長期存留在耳內，否則會引起外耳道和鼓膜損傷。若異物取出後出現耳痛或流膿，多為操作過程中外耳道或鼓膜併發感染發炎所致，應立即就醫。

曬傷，也是傷啊！千萬不能忽視

　　炎炎夏日，待在戶外時間久了，陽光過度照射後，肌膚容易出現紅腫、刺痛、水泡、脫皮等現象。其實這是皮膚被太陽曬傷了，曬傷也是傷，一定要抓緊時間科學護理，以免時間耽誤久了，使皮膚損傷加重。

　　曬傷其實是一種對日光照射產生的急性炎症反應，也就是日光性皮炎。兒童、婦女、建築工人、長期戶外工作者、野外工作者，以及滑雪和水上項目運動員易得此病。傷情的嚴重程度和光線強弱、照射時間、個體膚色、體質、種族等有關。

　　曬傷多發生在暴曬後 2 ～ 12 小時內。傷勢表現基本上為：皮膚損傷一般局限在曝光部位，一開始是鮮紅至猩紅色水腫性斑，邊緣鮮明。大面積曬傷可能有不適、寒顫和發熱等全身症狀，會自我感覺有燒灼感或刺痛感，甚至影響睡眠。幾天後紅斑和水腫消退，出現脫屑和暫時性色素沈澱。輕者 2 ～ 3 天內痊癒，嚴重者一週左右才能恢復。

　　肌膚曬傷後要盡快採取補救措施，方法多數是對受損的皮膚進行補水和美白。傷勢較輕時，適當使用溫和、無刺激的保養品，加速細胞修護、再生，緩和皮膚曬傷的症狀。

如果臉部皮膚發紅，可以臉部及鼻子等發紅的部位為中心，用沾了化妝水的化妝棉不斷敷臉，直至皮膚感到冰涼為止，接著用潤膚露保濕。當皮膚被強烈的陽光灼傷，皮膚的症狀差不多已達到燙傷的地步，就需要冷濕敷降溫，但不要塗抹任何護膚用品。

同樣，手部和足部曬傷時，可以將毛巾或衣服放入冷水或冰箱中，拿出後，稍稍擰一下，不滴水就可以了，然後敷在皮膚上，直到肌膚感覺舒服為止。局部可外用爐甘石洗劑，稍重者用冰敷、糖皮質激素霜或 2.5% 吲哚美辛溶液。有嚴重的急性皮炎時，用 2%～3% 的硫酸鎂溶液濕敷。外用皮質激素類藥物配製的洗劑、噴霧劑或霜劑可使炎症及疼痛感減輕。

有些皮膚嬌嫩的女士平時怕曬，如果長時間暴露在戶外，就需要採取預防措施。準備好防曬設施和裝備，例如：遮陽傘、遮陽帽、長袖、袖套、手套、防曬霜等。在 10 時至下午 4 時陽光最強時，盡量減少室外活動和工作，進行海水浴時，應使用耐水性好、超高 SPF（防曬係數）值的防曬霜。另外，經常參加室外鍛煉，也可以增強皮膚對日曬的耐受能力。

被貓狗咬傷就得這樣進行緊急處置

　　現在養寵物的家庭越來越多，可愛的毛小孩帶給大家很多的樂趣和慰藉。與此同時，動物也會讓人受傷。於是，不得不談到狂犬病這個話題。雖然叫狂犬病，但病毒感染的宿主不僅是犬類，所有溫血動物，包括鳥類都能感染，還有狗、貓、牛、馬、羊、豬、騾、驢、駱駝和鹿均易感染，人的易感性也很高。

　　狂犬病主要透過傷口或皮膚黏膜傳染。被感染過狂犬病毒的小狗咬傷、小貓抓傷，都可能感染上狂犬病。這我們就不多說了，大家都清楚。還有其他情況也可能感染狂犬病，例如：在有傷口的情況下捕殺瘋動物、剝皮，有的人還被擊打攜帶狂犬病毒動物木棒上的木刺紮傷，而感染上狂犬病毒，還有人在縫補被瘋狗咬破的衣服時，用牙咬掉線頭而感染。這是因為病毒侵蝕了口腔黏膜。感染狂犬病毒的病人唾液也是危險的傳染源。有人就被感染狂犬病毒的病人唾液，污染手部傷口而感染了狂犬病。還有因用被病人口水及嘔吐物污染的手擦眼睛和嘴而發病。雖然狂犬病的發病率較低，但這是唯一發病必死的疾病，必須引起大家足夠的重視。

被貓狗抓咬後及時注射狂犬疫苗，就不會感染狂犬病。得病原因不外乎兩條：一般人無法辨識家中寵物和貌似健康的動物是否攜帶狂犬病毒，而耽誤了救治時機；有的人被動物舔舐、抓傷、咬傷後，對於是否得狂犬病，存在僥倖心理，沒有及時注射疫苗。

我教大家幾招被貓狗抓咬受傷後的急救方法。如果確認或者高度懷疑是被患狂犬病的貓狗咬傷，那可用 20% 的肥皂水將傷口徹底清洗乾淨，再用清水洗淨，然後用 2% ～ 3% 的碘酒或 75% 的酒精局部消毒。傷口嚴禁包紮，因為狂犬病毒是厭氧性的，在缺乏氧氣的情況下，病毒會大量生長。所以立即送醫院注射狂犬疫苗，按照醫囑一共注射 5 次，不能提前或延後，更不能漏掉任何一次。

回家以後，將病人 1 人 1 室嚴格隔離，創口用過的敷料應予燒毀。換藥用具徹底消毒。專人護理，密切觀察，室內要保持安靜並遮住陽光，周圍不要有噪聲、流水聲。患者的分泌物、排泄物須徹底消毒。

有人說，我怎麼知道動物是否患有狂犬病呢？我們可以透過觀察動物是否異常，來提高警惕。**如果狂犬病毒感染動物腦組織，就會有一系列的表現。**

➡ 狗是這樣的

初期病犬老躲在暗處，不願和人接近，意識模糊，呆立凝視，但對反射的興奮性明顯增高，在受到光線、撫摸等外界刺激時，表現出高度驚恐或跳起。生活習性異常，有逃跑或躲避趨向，有時失蹤數天歸來，主人對其愛撫，時常常被咬。在此期間，病犬唾液增多，食欲反常，喜吃異物，例如：石塊、木片、破布、毛髮等。病犬還會出現狂暴症狀，表現為高度興奮、性情狂暴，常攻擊所遇到的人和動物。病犬行為兇猛還表現出一種特殊的斜望和恐慌表情。後期病犬下頜、咽喉和尾部等處神經麻痺，下頜及尾巴下垂、唾液外流，最後衰竭死亡。

➜ 貓是這樣的

貓的症狀與犬相似，病貓喜躲避在暗處，並發出刺耳的叫聲，繼而出現狂暴症狀，兇猛地攻擊人和其他動物。病程較短，為 2 ～ 4 天。野生動物通常會避免和人接觸，所以當你靠近時，野生動物看上去毫無警覺，那麼就可能患有狂犬病。

被其他動物咬傷用不用注射狂犬疫苗？

這個問題，目前比較有爭議。一般來說，如果有人被動物咬傷過，但動物並未攜帶狂犬病毒，被咬傷部位用碘伏消毒就可以，不用打狂犬疫苗。如果有人曾被貓狗等動物咬傷過，但是不確定貓狗是否攜帶狂犬病毒，那我個人建議還是去注射狂犬疫苗。雖然狂犬病發病率很低，但一旦發病，死亡率 100%，所以還是要及時處理，以防萬一。

被毒蛇咬傷了，是否能用嘴吸出毒？

作為城市居民，被蛇咬傷的機率並不大，有時候將毒蛇當作寵物來養，會出現意外。野外旅行也可能被蛇咬傷。被無毒的蛇咬傷只是受傷，被有毒的蛇咬傷會有喪命的危險。

中國的蛇類有 160 餘種，毒蛇大約有 50 種，劇毒、危害巨大的毒蛇有 10 餘種。蛇咬傷以中國南方兩廣（廣東、廣西）地區多見。

毒蛇的毒素有兩種：

❶ 血液毒

常見於竹葉青蛇、尖吻蝮蛇、蝰蛇、龜殼花等咬傷。被毒蛇咬傷後局部症狀出現早且重，疼痛比較嚴重，出血不止，腫脹明顯，迅速擴散，伴有皮下出血、水泡、血泡，因組織壞死、感染，部分患者的傷口經久不癒，進而引起出血、高熱、譫妄等，最後會造成出血、腎功能衰竭、心肌損傷而致人死亡。

❷ 神經毒

常見於金環蛇、銀環蛇、海蛇等咬傷。引起的局部症狀比較輕，局

部紅腫不明顯，流血不多，疼痛較輕，但有麻木感。症狀在傷後數小時左右出現，表現為眩暈、嗜睡、噁心、嘔吐、四肢無力、步態不穩、眼瞼下垂；重者視力模糊、言語不清、胸悶、吞嚥困難、流涎，以致全身癱瘓、昏迷、血壓下降、呼吸麻痹和心力衰竭死亡。有的毒蛇只有一種毒素；有的有兩種毒素，這屬於混合毒型，常見於蝮蛇、眼鏡王蛇、眼鏡蛇等咬傷。神經毒和血液毒的症狀都較明顯，發展也快，死因主要是呼吸麻痹和循環衰竭。

被蛇咬傷後怎麼進行緊急處理呢？

首先拔除毒牙，防止蛇毒繼續釋放毒素。被咬傷者應保持安靜，不要驚慌奔走，以免加速毒液吸收和擴散。此時坐下來，不要動，頭和肩膀抬高。然後在傷口近心端距離傷口 5cm 的地方用止血帶結紮肢體，鬆緊度以能放進去一根手指為宜。簡單處理後，趕緊送傷者去醫院，請專業的醫生救治。

同伴需密切注意傷員的神志、血壓、脈搏、呼吸、尿量和局部傷口等情況。如果患者沒有呼吸及心跳，應立即開始心肺復甦。有些急救書提到用消毒後的刮鬍刀片將傷口切開，然後用吸瓶或嘴吸出毒液，不要嚥下毒液，要將其吐出等，實際上這些措施都沒必要做，做了還是有可能會加重損傷。

根據最新的急救指南，用嘴吸毒、切開傷口，這些措施帶來的好處都很小，如果操作不當，反而會帶來一些危害。例如：吸蛇毒，無論用嘴吸，或用負壓吸引，吸出的毒素量極少，而且還會加重傷口的損傷，且用嘴吸毒，還有可能造成施救者中毒。至於切開傷口，一般人大多不能正確操作，反而會增加感染的危險。而擠壓傷口排毒，手法不當很容易造成毒素擴散。所以做好最基本的結紮，趕快去醫院接受專業救治才是正解。

記住咬傷自己的蛇的樣子和被咬傷時間，有助於醫生確定合適的抗蛇毒血清，以及請別人通知當地的管理部門注意處理毒蛇。

被蜂蜇傷，
拿出口袋裡的一樣東西就可處理

　　無論是蜜蜂還是馬蜂，它們的刺都是有毒的，當刺針刺向人體內時就會釋放大量毒液。蜂類毒液中主要含有蟻酸、神經毒素和組織胺等成分，可抑制中樞神經或引起溶血、出血等反應，還可使部分被蜇傷者產生全身性過敏反應，出現疼痛和腫脹加劇，頭痛、口渴，甚至出現呼吸困難。此刻應立即前往醫院，尤其是過敏體質的傷者更應如此。

　　蜜蜂的毒針尖端有倒齒狀的小倒鉤，蜇人時小倒鉤會牢牢鉤住被蜇者的皮膚，奮力飛離時，會連同部分內臟拉出來，所以毒針只能用一次。由於蜜蜂身體內部受到嚴重的傷害，所以蜇人後的蜜蜂不久就會死去。而黃蜂的毒針並沒有小倒鉤，因此在蜇人時能進行多次攻擊。

　　被蜜蜂、馬蜂、胡蜂蜇傷後會很痛，最初是特別尖銳那種痛，然後是發紅、腫脹，這些不會危及生命。不過會有其他嚴重的後果，例如：嘴或者喉嚨被蜇傷，產生的腫脹可能阻塞氣管，影響呼吸，有過敏體質的人，嚴重的會引起過敏性休克，甚至造成死亡。

　　被蜇傷後需要清理消毒，不要擠壓傷口，以免毒液擴散。如果有毒刺留在傷口裡面，可用鑷子捏緊毒刺後拔出，也可以用火罐，或者吸引器吸出。

在野外沒有工具的情況下，錢包裡的金融卡非常好用，可以用金融卡將毒刺刮出。切記不可直接用手指捏蜇傷的部位，弄不好，刺上的毒液可能進入皮膚更深處，也別因為疼痛用手抓撓蜇傷部位。

一般來說，蜜蜂的毒液呈酸性，需要用鹼性溶液，例如：肥皂水、小蘇打水等沖洗傷口。黃蜂的毒液呈鹼性，可以用食醋等弱酸性液體洗滌外敷。在不確定是被什麼蜂類蜇傷時，也可以用大量清水沖洗傷口。局部可以用冰袋、濕毛巾等物品對傷口部位進行冰敷降溫，緩解疼痛。

如果傷員的嘴部被蜇傷，那嘴部發生的腫脹，會導致呼吸道阻塞，這時候可透過給傷員吮吸冰塊或小口喝涼水的方式緩解。如果腫脹進一步發展，就應立即撥打急救電話 119。

簡單處理過後，密切觀察傷者生命體徵，呼吸、脈搏，觀察有無過敏症狀。最好還是及時去醫院，尤其是被馬蜂蜇傷 10 針及以上的患者，更應分秒必爭的送醫治療。

還有幾個禁忌：被蜂蜇傷後，不要擠壓傷口，以免毒液擴散；不要在傷口上塗抹醬油，以免感染；不要用紅藥水、碘酒之類藥物塗擦傷口，以免加重腫脹；不要用不乾淨的物品蓋住傷口，以免發生破傷風等感染。

游泳被海蜇蜇傷，趕緊用海水沖洗

在海裡面游泳，除了特別注意別因腿抽筋造成溺水之外，另一個危險因素就是可能被海蜇蜇傷。海蜇的觸鬚有幾百萬個刺絲囊，一旦碰到人體，刺絲囊中的小管就會刺破皮膚，將毒素直接注入人體血管中。被海蜇蜇傷時馬上就能感到有觸電樣的刺痛感，幾個小時或 12 小時之後，皮膚出現紅斑、蕁麻疹、水泡，甚至皮膚上面通常能看出海蜇觸鬚留下的線條狀紋路。被蜇傷者可能還會出現噁心、嘔吐、關節痛、氣喘、呼吸困難和麻痺等症狀。一般蜇傷多出現在小腿上，如果用手去扯開海蜇的觸鬚，雙手和胳膊也會被蜇傷。

海蜇蜇傷不容小覷。對於被海蜇傷較嚴重的患者若是搶救不及時，會因肺水腫或者過敏性休克而死亡。

被海蜇蜇傷後怎麼處置？有人說在蜇傷處塗抹尿液有用。但這種做法沒有科學依據。支持者說尿液裡面含氨，可以止痛，但是無論氨水止痛還是尿液止痛，都沒有科學依據。另外，還有人認為用溫熱尿液浸泡，對緩解疼痛有利，那我們直接用熱水浸泡即可，非得用尿液做什麼呢？可見，這些方法都是不切實際的。

在海水浴場游泳，如果被海蜇蜇傷，一般岸邊都有救援隊成員。我們可以向救援隊人員求助。救援隊成員可以提供一些急救藥品，也可將傷者送到就近醫院處理。

如果不具備這樣的條件，我們自己也可以處置：

❶ 首先，將傷者從海裡轉移到陸地上，避免傷者溺水。

❷ 其次，用海水沖洗掉任何殘留的觸鬚，注意不要使用純淨水等淡水沖洗傷口。淡水會刺激觸手繼續發射刺絲，海水則能阻止刺絲囊刺細胞釋放出更多毒液。

海蜇蜇傷，趕緊用海水沖洗。

❸ 再次，用鑷子拔掉毒刺，或者用電話卡之類的硬物刮掉毒刺。不要因忍不住疼痛，而用毛巾或沙子揉搓傷處，這樣反而會更痛；也不要使用酒精，那樣會加重傷情。

❹ 最後，現場處置過後，如果傷處不見改善，且受傷者出現發熱症狀，則須緊急送往醫院接受專業處置。

如果我們去海邊玩，發現該片海域有大量海蜇出沒，那就不要下海了。若在海灘上發現死掉的海蜇，也盡量不要觸摸，因為死海蜇仍然有可能造成蜇傷。

還有其他一些海洋生物也有毒刺，並以此作為工具來對抗其他捕食動物的攻擊，如果踩到它們也有可能受傷。海膽和鱸魚有尖銳的刺可刺入腳底，傷口很容易感染，解決辦法就是把受傷部位泡到熱水中；因為熱水可以分解毒素，水溫以人能忍受的溫度為準，隨時添加熱水，浸泡至少 30 分鐘，但要注意別把患者燙傷。要想徹底解除危險，還得將傷者迅速送往醫院，並由醫生拔刺，進行消毒處理。

車禍現場受傷嚴重，現場應該如何急救？

　　交通事故造成的傷害多是由於緊急剎車、兩車相撞導致。駕駛員和乘客一般是在瞬間受傷，常見的損傷是軟組織挫裂傷、骨折、腦外傷、各種內臟器官損傷等。如果您恰巧在現場，就可以化身急救志願者出手救人了。

　　需要做的第一件事就是撥打急救電話 119，這個不用教，都會。

　　救人首先要保證自身安全，去現場救人之前先要仔細觀察，然後快速排除危險情況後，才能進入現場。記下車輛或傷員的位置，警方需要這方面的資料。同時，分別打 110 報警。

　　迅速對所有傷員的傷情做出判斷。

　　對活動性大出血，應就地止血、包紮。有搏動性或噴射狀出血者，是大動脈破裂，應立即用直接壓迫止血法，隨即結紮止血帶。呼吸道阻塞的，立即清理口腔內血液、分泌物等。

　　對昏迷的傷員，要重視保持呼吸道暢通。

對懷疑脊柱、脊髓有損傷者，不要搬動。

對呼吸或心跳停止者，應立即進行心肺復甦。具體操作方法，我在前面章節已經介紹過了，在這裡就不重複了。

做完這些後，就是等待救護車到場了，這期間每 5 ～ 10 分鐘檢查並記錄一次傷病者的呼吸、脈搏和反應程度。

公車上，因剎車摔倒怎麼急救？

急剎車受傷很常見，此類受傷的急救方法很實用。

正常情況下，公車司機開車注意力集中，市區裡人多車速適中，乘車人員比較安全。不過，有時也難免遇到意外險情，迫使司機緊急剎車，此時車內乘客常因措手不及而受傷。

據報導，近半年來，中國北京法院審結 50 起乘坐公交車受傷案。乘客中，老年人更易受傷，其中老年女性是最容易受傷的群體。急剎車是導致老年人受傷最主要的原因。另外，老年人受傷後致殘率很高，達 72%。

急剎車引起創傷不外乎這兩種：

❶ 第一種是直接撞傷

主要是由於急剎車所產生的慣性作用使人體撞向前方某一物體而導致受傷，或直接摔倒受傷。如果乘客撞向擋風玻璃時，易被破碎的玻璃劃傷臉、頸部。

❷ 由於急刹車導致

由急刹車導致的脊椎、頸椎的過度前屈、側屈、後伸造成的脊柱、脊髓損傷，易發生截癱，出現肢體的感覺和運動障礙。

我們可以透過具體傷勢採取相對應的急救措施。

乘客輕度撞傷時，多為胸部或上肢的軟組織挫傷，受傷部位有腫脹和疼痛，若無其他症狀，可等下車後再做處理。此類患者的傷部皮膚如無破損，傷後 1～2 天內可用冰袋冰敷，以減少血腫形成並減輕疼痛；兩天後改為熱敷，來活血、祛瘀、消腫。

皮膚擦傷，可用乾淨手帕暫時包紮，下車後再對傷口消毒、塗藥，然後再包紮。

比較常見的骨折，例如：四肢骨折、肋骨骨折，應採取相應的固定措施。

如果被破碎的玻璃劃傷，應先將傷口中能見到的碎玻璃去除，然後予以止血、包紮。

撞傷頭部可引起頭皮裂傷、腦震盪、顱內損傷等。頭皮裂傷應立即壓迫止血、包紮。腦震盪可表現為短暫的意識喪失，清醒後不能回憶起當時受傷的情況，伴有頭暈、頭痛和嘔吐等，生命體徵正常。腦震盪不需要特殊治療，休息一週就能痊癒，但為了防止遺漏其他傷情，也要去醫院做檢查。顱內損傷，表現為頭痛、頭暈、嘔吐、意識障礙、心率不穩、血壓改變等。如果同時出現頸椎損傷，千萬不要搬動傷員。

別忘了，迅速撥打急救電話 119。

CHAPTER

5

來自校園裡的急救

在校扭到腳了，疼痛難忍就這樣處理

在各類關節扭傷中，扭到腳最為常見，是由於關節韌帶被過度牽引造成的。在學校的學生正值青春期，喜歡亂跑亂跳，攀高爬低，在體育課上進行一些運動，例如：跳高、跳遠、長跑等。這些活動均可能引起踝關節扭傷。

扭到腳也稱踝關節扭傷，是在外力作用下，踝關節驟然向一側活動，而超過它的正常活動度時，就會引起關節周圍軟組織，例如：關節囊、韌帶、肌腱等發生的撕裂傷。輕者會出現部分韌帶纖維撕裂，症狀為疼痛、壓痛、青紫、腫脹等。嚴重的可使韌帶完全斷裂，或韌帶及關節附著處的骨質撕脫，甚至發生關節脫位。踝關節結構複雜，又缺少肌肉的保護，所以容易受傷。當然，除了運動不當外，很多女性喜歡穿高跟鞋，扭到腳的機率也是很高的。雖然高跟鞋可以改變女性腿部比例，使得腿部更加修長，增加女性魅力，但也增加了扭到腳的風險。

扭到腳有足外翻的原因，但大部分是足內翻導致的。因為人的重心是兩腳中間，本身的重量會使雙足外翻，所以大部分肌肉會盡量使足內翻，這種肌肉強度的優勢造成內翻扭到腳。足內翻時，引起外側韌

帶部位疼痛加劇。內側韌帶損傷時，表現為內側韌帶部位疼痛、腫脹、壓痛。足外翻時，引起內側韌帶部位疼痛，有撕脫骨折感。如早期治療不當，韌帶過度鬆弛，可造成踝關節不穩，易引起反覆扭傷，甚至關節軟骨損傷，發生創傷性關節炎，嚴重者則會影響行走功能。

那麼當學生在學校裡不小心扭到腳了，怎麼處理呢？

如果學生在學校裡扭到腳了，無論什麼原因導致的，在受傷後都應該馬上停止活動，把傷肢抬高。可以就近找一把椅子，把受傷的腳放在椅子上，下面再墊上書包等較為柔軟的物品，這樣做有利於靜脈回流，減輕腫脹，再來就是冰敷。

接下去是加壓包紮。加壓自然是要給一定壓力，否則若包紮不緊，就無法發揮作用。**這裡教大家用一個常見的「8」字形加壓包紮法。具體方法是：**

一圈向上、一圈向下包紮，每圈在正面和前一圈相交，像數字「8」字樣，並壓蓋前一圈的 1/2。或者是用數條寬膠布從足底向踝關節外側及足背部依序黏貼，每塊膠布壓住前一塊膠布的 2/3，以固定踝關節。這樣處理能避免對受傷的副韌帶或肌肉的牽引，減輕或避免加重損傷。

如果有學生受傷，懷疑已經骨折，可選用兩塊長約 30cm 的木板或硬紙板分別置於受傷部位的內外兩側，並在受傷部位加放棉墊、毛巾或衣物等避免撞傷，再用繃帶或三角巾等物把兩塊木板固定結紮。開放性骨折應加壓包紮止血，然後再將骨折處固定。最後把傷員送往醫院做進一步的診斷救治。

學生踝關節扭傷雖說常見，但是也不是不能避免。你可以在運動時選擇合適的運動場所，進行高危運動時佩戴合適的護具，熟練掌握所進行活動的技術動作，這樣就可以有效減少踝關節扭傷的發生率。

總結一下，在校園裡扭到腳了可以透過三步來進行處理：停止活動、冰敷、加壓包紮。你記住了嗎？

受傷後該熱敷和冰敷，這可別搞錯了

踝關節扭傷後有兩件蠢事千萬不要去做：切忌推拿按摩受傷部位，以及切忌立即熱敷。前面我也提過在扭到腳之後抬高腿，然後對受傷部位冰敷。冰敷和熱敷都怎麼操作？二者有什麼區別？分別有什麼用呢？下面我就來解答這些問題。

 **冰敷**

冰敷是家庭中經常用到的治療方法。首先它可以有效消腫，原因在於：局部溫度降低，使毛細血管收縮，減少液體外滲，減輕局部充血，腫脹程度自然減輕；冰敷可以緩解疼痛，降低了神經末梢的敏感性，疼痛感就降低了；還可以控制局部出血，使血管攣縮，血流速度減慢，有助於血液凝固。此外，冰敷可使高熱病人降溫，這一點就不用多說了。

冰敷的方法很簡單，有現成冰袋最好，沒有也沒關係，我們也可自製冰袋消腫止痛。可以從冰箱裡拿一些冰塊、冰棒、冷凍魚、冷凍肉，放在塑膠袋裡面封好，冰塊使用前先用水沖去冰的稜角後，將冰裝入冰袋或塑膠袋一半的量就可以了。然後隔層毛巾，在需要冰敷的部位，

例如：額頭、腋下、大腿根等處，以及像學生扭到腳這樣的受傷部位冰敷。兩三小時冰敷一次，一次 20 分鐘。要注意避免凍傷。如果受傷的是手或腳，也可以直接把受傷的手或腳泡在冷水裡，每次不要超過 15 分鐘。

冰敷時要注意觀察局部皮膚的顏色，如果出現發紫、麻木、臉色蒼白時要立即停用。冰敷時間不宜過長，以免影響血液循環。一般冰敷不在肢體末端進行，以免引起循環障礙。冰敷用具須徹底消毒，以避免引起交叉感染。

➜ 熱敷

熱敷須在受傷24 ～ 48 小時後開始進行。熱敷除了保暖，也可促進血液循環，使毛細血管擴張，使得已經滲出的組織液等被重新吸收，進而減輕腫脹。熱敷還可使肌肉鬆弛，進而達到解除疼痛、消除疲勞的作用，有助於促進炎症消散，有益於組織的修復和身體的恢復。

一般在學校做乾熱敷非常方便且容易實行，可以用熱水袋倒入 50 ～ 60℃的熱水，倒至 1/2 或 2/3 就可以了。檢查無漏水後，裝入布套中或用毛巾包裹放在患者需要熱敷的部位。熱敷時間一般不要超過 20 分鐘，每日 3 ～ 4 次。如果學生一時找不到熱水袋，也可用玻璃空瓶或塑料罐代替。

熱敷要注意防止燙傷，發紅起水泡時，應立即停止。對過小的孩子進行熱敷時，溫度要控制在 50℃以下，並應多包幾層毛巾。

一冷一熱，截然相反，目的卻是完全一致的，都是為了減輕腫脹和疼痛。冰敷與熱敷的關鍵在於掌握好時機，否則會適得其反。

另外，冰敷還可用於發熱、中暑的患者，目的是降低體溫。

哎喲喂，肘關節骨折或脫臼了

肘關節也是鍛鍊過程中容易受傷的部位。肘關節損傷，包括骨折、脫位、軟組織損傷。

我的一位患者，多年前騎馬時從馬身上摔下來，肘部受了傷。由於當時的醫療條件較差，導致他肘關節的屈伸功能終生受到影響。

現在他鼓掌時右手心朝上，左手拍右手；再有，一般人握手都是肘關節活動，而他和人握手不是肘關節在動，而是肩關節在動。

關節脫位就是脫臼，是構成關節的上下兩個骨端偏離了正常的位置，發生錯位。關節脫位後，韌帶、關節軟骨、關節和肌肉等軟組織也有損傷，造成腫脹、血腫。關節脫位最常發生於肩關節、肘關節、指關節等處，另外 10％的關節脫位患者伴有骨折的症狀。

關節脫位的症狀首先出現的是劇烈疼痛並伴有腫脹，關節活動受限，嚴重時可直接看到關節畸形，劇烈的疼痛甚至可能引起暈厥。

導致關節脫位的原因有很多，像是用力過大，牽拉動作過猛，關節過屈、過伸等。強拉硬拽特別容易發生脫位。當遭受猛烈撞擊或者是

摔倒，如果用力過大，關節極度過伸、扭轉或遭受側方擠壓等外力作用時，極容易導致手指、腳趾或膝關節脫位。然後就是病理性的了，免疫力下降、缺鈣、韌帶拉力不足的人，常會關節脫位。

關節復位需要一定的醫學知識和經驗的積累，建議不要自己處理，要迅速就醫。有些人看到關節腫脹，就自己塗抹藥酒想藉此消腫，以為這樣處置後就可以了，但關節脫位的問題依然沒有得到解決。在經醫生處理過後，可採取固定措施固定關節，使關節周圍軟組織及時修復，避免因再次過度屈伸而加重損傷，也可防止出現習慣性脫位。

肘關節骨折或脫位患者在去醫院救治前就要先固定受傷部位，需要用上懸臂帶。我教大家兩種方法。

一個是「大懸臂帶」的製作方法：將三角巾一底角放於健側肩部，也就是沒受傷、好的那一側的肩部，三角巾底邊與身體長軸平行；頂角朝向傷側肘部，肘關節屈曲，角度略小於 90°，呈 80°～ 85°，就是手部要高於肘部，前臂放在三角巾中部，另一底角向上反折，覆蓋前臂，通過傷側肩部；兩底角在對側鎖骨上窩打結，前臂則懸吊於胸前。將三角巾頂角旋轉後，塞入懸臂帶內。此方法可用於肘關節損傷，但是肱骨骨折禁用。

另一個是「三角懸臂帶」：叮囑傷員傷側五指並攏，中指放在對側鎖骨上窩。兩手分別持三角巾的頂角與一側底角，頂角蓋住傷側肘部；底角拉向對側肩部，蓋住手部。此時，三角巾已覆蓋整個手部和前臂。然後，將前臂下方的三角巾摺入前臂後面，再將頂角連同底邊一起旋轉數圈，兩側底角在對側肩部相遇時打結。還可根據情況使用固定帶。此方法可用於鎖骨、肘關節、前臂及手部等部位損傷的包紮、固定、懸吊。

踩踏傷害為什麼會這樣可怕呢？

　　學校是人員密集場所，但大部分學校內學生的安全意識不強，因此需要高度重視，以防止踩踏事件的發生。目前，許多學校會教給學生防止踩踏的知識，甚至進行安全演習。

　　擁擠踩踏事故造成傷害的直接原因，在於擁擠的人群重力或推力疊加。即使是人的一隻腳踩上去，腳的力道最起碼也有二、三十 kg。如果有十來個人推擠或壓倒在一個人身上，所產生的壓力可能達到 1000kg 以上。人的胸腔被擠壓到難以或無法擴張，就會發生擠壓性窒息。有死亡案例顯示，受害者並非倒地，而是在站立的姿勢中被擠壓致死。退一步說，即使是被人踩上一腳，胸腔、肋骨、腹部、四肢，甚至腦部都極有可能受重傷。所以在踩踏事件中，一旦有人摔倒就會被驚慌的人們踩踏過去，而且踩踏過去的人根本不知道踩踏到你的什麼部位，要命不要命呢？

　　校園內發生擁擠踩踏事故是有原因的：最容易發生在什麼時間段呢？一是放學，一是就餐。

　　因為這兩個時間段人員相對集中，且心情急迫，容易發生踩踏。此

外，集體觀看演出或參加鍛鍊時，也容易發生踩踏事故。最容易發生在什麼地點呢？教學大樓中，下課時間的樓梯轉彎處是最容易發生事故的地點，此處人員相對集中，易形成擁擠。

再有，學生的心理因素也不能忽視。學生好奇心強，且不易控制自己的情緒，遇到事情容易緊張慌亂；還有學生搞惡作劇，在混亂的情況下大聲喊叫，推搡（連續不斷的推）擁擠，以發洩情緒、惡意取樂，可導致出現擁擠、喊叫、製造緊張空氣等現象，易引起恐慌導致意外發生。

如何預防擁擠踩踏，以及發生事故後的防範措施到底是什麼呢？當擁擠的人群向著自己行進方向湧擠過來的時候，不要逆著人流前進，也不要因為慌亂而奔跑，這樣非常容易被踩踏而受傷。此時應該避開並退讓在一旁，等人流過去後再前行。陷入擁擠的人群中時，一定要先穩住雙腳，可以採用體位前傾或者低重心的姿勢。如有可能，抓住一樣堅固牢靠的東西，待人群過去後，迅速而鎮靜地離開現場。除了自救還要幫助別人，發現自己前面有人突然摔倒時，要馬上停下腳步，同時大聲呼喊，告知後面的人不要向前靠近。

踩踏造成的傷害，一般是擠壓碰撞造成的流血、骨折、顱腦損傷等，這部分急救內容前面已經介紹過了。發生踩踏事件先要脫離危險環境，然後止血包紮固定，緊急送往醫院。

孩子墜傷，最關鍵時刻做出最關鍵的急救

　　孩子從高空墜落的事發生得可不算少。在校園裡，因為擁擠推搡，孩子從高空摔下來；在家裡，如果孩子太小不懂事，家中沒有大人看護時，從陽台上跌落的事件，也常發生。遭遇這樣的意外情況，該如何進行及時且有效的急救呢？

　　孩子從高處跌落下來以後，根據跌落的高度，著地部位和姿勢不同，受到的傷害也是有輕有重。輕的，就是皮肉之苦，重的，則會有多個系統或多種器官受到損傷，嚴重者可能當場死亡。

　　遇到這樣的情況，現場急救員首先要判斷孩子是否受傷，以及受傷嚴重程度，根據小傷員如下的表現進行判斷：

✝ 如果四肢等部位有疼痛、壓痛，檢查可見局部明顯腫脹，有瘀斑、畸形，活動疼痛加重，孩子哭鬧不止，有可能骨折。

✝ 如果兒童腹部著地，腹部持續性劇烈疼痛，不能按壓，有臉色蒼白、出冷汗、嘔吐等症狀，嚴重時腹脹並出現吐血、便血、尿血、休克等，極有可能是肝、脾破裂或腎挫傷。

✝ 如果兒童跌落後有短暫意識喪失，清醒後記不清當時的情況，並伴有頭痛、頭暈、噁心，但生命體徵正常，應考慮顱腦損傷。

✝ 如果兒童足或臀部先著地，跌落後神志不清 30 分鐘以上，清醒後又反覆出現昏迷，伴有嘔吐、說不出話或語言不清、口眼歪斜，甚至四肢抽搐或癱瘓的症狀、瞳孔兩側大小不等，則應考慮傷者有顱內損傷的可能。

學生墜傷，正確判斷比急救更重要。

一旦發生這樣的傷害，須立即採取急救措施。具體方法如下：

✝ 讓受傷學生或者兒童平躺，去除孩子身上的用具和口袋中的硬物，鬆開頸、胸部鈕扣，讓孩子保持呼吸道暢通。

✝ 頜面部受傷，首先要保持呼吸道暢通，應清除組織碎片、血凝塊和口腔分泌物。

✝ 如果頭部摔傷，出現鼻出血、耳出血時，應考慮發生了顱底骨折，不要填塞止血，讓孩子傷側朝下，讓血液流出，以防止血液逆流。

✝ 如果學生周圍血管損傷，須在出血部位覆蓋敷料，用手掌或手指直接壓迫出血部位。

✝ 如果發生骨折或懷疑骨折，應先把骨折部位固定，以減少疼痛，防止傷害加深。對於開放性骨折，不要把突出傷口外的斷骨端塞回傷口內，並先止血，再包紮，最後固定。

針對傷勢嚴重者，應立即撥打急救電話 119，就近送往醫院處理。

眼睛內進入異物，記得用清水沖洗

　　空氣中的灰塵、小蟲、睫毛黏在眼球或留在眼皮內，這些情況不算什麼大事，只是讓你的眼睛不舒服而已。如果有其他異物進入眼睛內，可能就需要慎重對待了，至少要學會急救處理的辦法。例如：酸、鹼、家用清潔劑等有害液體侵入眼內會造成燒傷。

　　異物進入眼睛，除了受傷時的機械性損傷外，存留的異物也會危害眼球，引起不同程度的眼內異物感、疼痛，及反射性流淚，輕者怕光、流淚、無法睜眼、紅腫，嚴重者會造成眼睛損傷，使視覺功能受損，甚至完全喪失視力。

　　一般灰塵、沙子等異物進入眼睛，可以閉眼睛休息片刻，等到眼淚大量分泌，再慢慢睜開眼睛眨幾下。多數情況下，大量的淚水會將眼內異物自動地「沖洗」出來。

如果這樣做沒有作用，就改這樣處理：

　　讓患者不要揉眼睛，如果小孩子控制不住自己，先控制住他的雙手，以免孩子揉眼睛，朝向光亮的方向坐下來，用你的手指把他的眼瞼輕輕分開，檢查眼球的每個部分。看到沙粒等異物後，可以用沖水

189

的方法清除。讓患者側頭，使患者有異物的眼睛在下，好眼在上，用自來水或生理鹽水沖洗患眼的眼內角。肩膀上可以搭一條毛巾，讓水流在毛巾上。如果異物還不出來，可以在裝滿清水的臉盆中眨眼睛。要是眼內異物比較頑固，就用清水沾濕棉花棒或把紗布一角弄濕，拭出沙粒。小蟲進入眼睛也可以使用這個方法處理。

碎玻璃片、木刺、金屬異物進入眼睛時，自己在家就處理不了了。千萬不要讓患者揉眼睛，也不要試圖用其他方法取出異物。用毛巾覆蓋患者的雙眼，盡量使他的情緒平復下來，而且叮囑他不要轉動眼球，然後立刻將患者送至醫院交由眼科醫生處理。

如果熱水或熱油進入眼睛，需馬上撐開眼皮，用清水沖洗 5 分鐘來降溫；發現眼睛紅腫或有出血的情況發生時，要馬上去醫院眼科就診。無論何種原因導致的視力突然減退，都應及時去醫院檢查、治療。

異物取出後，可適當滴入一些眼藥水或塗眼藥膏，預防感染。

強調一下，無論多麼細小的異物都會劃傷眼角膜並導致感染。如果異物進入眼部較深的位置時，務必立即就醫。自行處理不當，有可能導致更加嚴重的後果。謹記！

眼球破裂傷，去醫院之前一定要這樣處理

　　學生活潑好動，下課時打打鬧鬧是難免的事，而意外就這樣發生了。在中國昆明一所學校，下午下課，兩個同學在玩鬧時，一把三角尺扔出去，一下子戳進旁邊一位同學的右眼。這位同學頓時眼睛血流不止，什麼也看不見，被緊急送到醫院。醫生判斷該同學右眼球破裂。經過眼科醫院醫生的連夜手術，受傷同學的右眼視力逐漸恢復到 0.4。

　　眼睛組織結構精細嬌嫩，又直接暴露在身體外面，很容易受到外傷。眼球破裂，會影響透明的趨光介質、感光的視網膜等，可能發生嚴重的視力減退，同時伴有眼內出血，加重影響視力。多種原因可導致眼球破裂，例如：物體撞擊造成的傷害、尖銳物體刺傷、鞭炮炸傷或高速射出的異物碎屑穿破眼球壁等等。

　　那麼發生眼球破裂傷該如何急救呢？我們不能像《三國演義》中描述的夏侯惇一樣吧！夏侯惇被敵人一箭射中左眼，用手拔箭時將眼珠帶了出來，場面血腥。一般眼球受傷，最好的急救辦法就是立即去醫院治療。當然，去醫院之前要進行及時妥善的處理。

　　眼球破裂傷算是嚴重受傷，應盡快到醫院進行檢查，排除眼內出血、晶體脫位等不良情況。發生眼球破裂傷意外也是沒辦法的事情，

但是在送往醫院之前要立即進行急救處理，爭取將傷害降到最小。下面我向大家介紹一些方法。

當銳利器物直接刺破眼球時，傷員應立即躺下，不可翻轉傷者上眼瞼，以免因擠壓使眼內容物大量流出。千萬不要用手揉眼睛，不要用水沖洗。局部可用清潔的眼墊包覆且封起，動作要小心，切不可用力。

如果已經有眼內容物從傷口脫出，注意千萬不要在現場將脫出的組織送回。脫出的色素膜已被外界污染，再送回眼內很容易造成眼內感染，引起化膿性眼內炎或全眼球炎而失明。

傷者在出現眼球穿通傷以後也不能過度低頭。過度低頭可能會使眼球往外凸出，導致難以癒合。另外，插入眼球裡的異物原則上不應將其強行拉出。

在受傷眼上加蓋清潔的敷料，製作一個墊圈放在受傷部位，再用一個大小適當的小碗扣在墊圈上，最後用三角巾折疊成條帶狀，或用繃帶包紮即可。嚴禁加壓包紮，以防壓迫受傷的眼球。包紮的目的僅是限制眼部活動和摩擦加重損傷，減少光線對傷眼的刺激。即使一隻眼睛受傷，最好也包紮雙眼，以免健康的眼珠轉動帶動受傷眼珠轉動而使傷情加重。我再次強調，插入眼球裡的異物原則上不應拔出，眼球破裂有黑色的虹膜或果凍狀的玻璃體等眼內物脫出時，絕不可將其還入眼內，以免造成感染。

千萬要注意，不要用水沖洗傷眼或塗抹任何藥物。在眼球的眼前、後房內充滿一種透明清澈的液體叫房水，它是由睫狀突產生的，含有較高濃度的葡萄糖和抗壞血酸，供應角膜和晶體的必要營養，對維持角膜和晶體的正常生理功能，及保持透明性，有著很重要的作用。角膜穿通傷會導致房水流出，不過不必擔心，手術後房水可以自動生成。

如果是年齡很小的孩子眼睛受傷，要安慰他及平復他的情緒，不要哭鬧，並迅速將傷員送往醫院進一步搶救，途中盡量減少顛簸以避免眼的內容物脫出。運送途中，如果眼睛有活動性出血，應抬高病人頭部使其位置高於心臟。

流鼻血的時候，仰起頭能夠止血嗎？

　　我上小學時，班上有個同學動不動就流鼻血，而且止不住，老師總讓該同學仰起頭，說這樣鼻血就會止住。其實，鼻子之所以容易出血，和它的解剖結構有關。雙側鼻中隔前部的毛細血管區的黏膜血管豐富且表淺，被稱為易出血區。而孩子的鼻黏膜又很嬌嫩，當鼻腔黏膜乾燥、鼻腔有炎症或受到刺激時，就更容易出血了。不過不用擔心，孩子在成長過程中鼻黏膜會慢慢增厚，出鼻血的情況就會隨之減少。

　　如果發生鼻出血該怎麼解決？有人說，處理鼻出血，就是四個字：仰頭舉手。具體操作是先用棉花或衛生紙塞住鼻孔，舉起流鼻血鼻孔的對側手，例如：左側鼻孔流血，就要舉起右胳膊。這個小妙招在親測後有效！

　　鼻子出血，仰頭舉手止血有沒有科學根據？答案自然是否定的。仰頭既不能增加血小板的數量和活性，又不能收縮、封閉血管來控制血流。不過有人為它尋找理論依據：舉對側手是不是能夠引起神經興奮從而收縮血管呢？

實際上，鼻腔的黏膜血管收縮受到交感神經控制，屬於內臟神經系統，不受意志所左右；上肢的動作受到臂從神經控制，屬脊神經，受人的意志所影響，單純對運動神經的刺激，而不能影響交感神經。

　　另外，患者鼻出血之後千萬不能仰頭，仰頭時表面上看鼻腔是不出血了，但是血往裡面流，通過鼻孔後進入食道，容易刺激胃腸而引起噁心嘔吐等不適，一旦出血量大時，還可能會造成誤吸。如果血液誤入呼吸道，甚至有可能造成窒息。

　　鼻出血也不能隨便找衛生紙或棉花堵住鼻孔，乾棉花或者用紙巾填塞進鼻腔內達不到很好的止血效果，而且沒經過徹底消毒的紙巾，容易引發感染。同時，乾棉花或者紙巾團容易黏在鼻黏膜上，取出時會撕裂剛止住血的傷口，引起再次出血。

　　同樣，其他一些「民間妙招」，例如：流鼻血時拍手背，臉部朝上，用手掌背部在腋窩處用力擊打數下，再用濕毛巾覆蓋額頭，也都沒有科學根據。

　　如果有人發生鼻出血，要讓患者低頭、張口呼吸，用拇指和食指捏住雙側鼻翼，向後上方壓迫，一般幾分鐘後就可以止血了。低頭和張口呼吸，可以避免將血吞嚥入肚子裡，刺激到胃腸道而引起噁心嘔吐等不適。鼻出血部位多在靠近前鼻孔的位置，即對應我們鼻翼的地方。因此，最簡單方便的止血方法是壓迫鼻翼法。如果確定哪個鼻孔出血，也可以直接壓迫出血的那個鼻孔的鼻翼。

　　如果患者鼻孔出血量不多，可以用冰袋或濕毛巾冰敷在病人前額及頸部，或用冷水及冰水漱口，進而使鼻腔內的微血管收縮，減少出血。

騎車摔倒擦傷了，如何處理？

現在隨處可見的共享單車，為出外的人們帶來了極大便利，特別是在交通擁堵的大城市。共享單車環保、便宜，走累了隨時找一輛代步，很受年輕人歡迎。不少學生每天騎著共享單車上下學，減少了父母負擔。

當然，共享單車在帶來方便的同時，也帶來了不少的憂患。很多學生由於受到身高、體重、技術的影響，騎車的時候很容易受傷。雖然傷勢大部分都不嚴重，也就是擦傷，但小問題得不到妥善處理就會變成大問題，所以還是要及時處理。我教一教大家，在騎車的過程中受傷後如何進行處理。

首先，壓迫傷口止血，用乾淨的布或者手帕多疊幾層，使點勁兒壓住出血的傷口，注意不要過於用力，保持 5 ~ 10 分鐘。

然後，用生理鹽水，或用冷開水沖洗，再用藥物消毒。如果傷口上黏有泥土、沙粒、碎玻璃等固體污物，可用棉花棒或紗布沾上生理鹽水清除，也可以用雙氧水直接消毒傷口。在消毒傷口時會有沙子等髒東西隨著泡沫一起浮出傷口，這個過程中可能會出現疼痛。

一般的小傷口，貼上 OK 繃就可以了。如果 OK 繃沒有用，在傷口塗上預防化膿的藥物，把紗布多疊幾層敷在傷口上，再纏上繃帶固定紗布。如果是關節擦傷，使用繃帶或乾淨布條，在關節彎曲的上下兩方呈「8」字形來回纏繞，可起到保護作用，也能吸收傷口滲液，預防再度感染。皮下出現腫脹、青紫傷後 24 小時內冰敷，可減少皮下出血；24 小時後進行熱敷，可加快出血的吸收。

騎車受傷常常是頭部先著地。臉上和眼睛周圍的皮膚比較細嫩，往往會留下瘢痕。如果你擔心自己的臉，簡單處理後，就可去醫院接受進一步治療。如果摔倒在比較骯髒的環境中，細菌會侵入皮膚，此時要特別小心傷口化膿，最好去醫院就診，必要時注射破傷風抗毒血清。如果碎玻璃等小東西深入傷口，用水或是生理鹽水沖洗，依然拿不出來的話，千萬不要強行拿出或者揉搓傷口，去醫院由醫生處置最為適合。

需要注意的是，如果傷口較深、創面較大，應及時就醫。過後如出現傷口變紅、疼痛腫脹、分泌物增多的現象，應該按照醫生叮囑進行處理，千萬不要自作主張來處理。

包紮的紗布或是 OK 繃髒了，則需要更換，每天睡覺前要幫傷口進行消毒。

騎車摔倒很容易碰傷膝蓋。如果傷情很嚴重，應自我檢查一下是否腿骨骨折、膝關節脫位。膝外傷常會引起內韌帶（前後十字韌帶）、外韌帶（中央和兩側）扭傷和半月板損傷，症狀為疼痛、受傷部位分泌物增多、關節不穩定和交鎖。出現這樣的情況，需要去醫院進一步檢查、治療。如果與人相撞，在撞擊力比較大的情況下，不管有無疼痛，都應去醫院檢查一下，才能放心。

除去擦傷，也有可能出現軟組織損傷、骨折、脫臼、顱腦損傷等，這些症狀我們放到其他章節說明。

切記！刀具插進體腔是不能拔出來

　　刀具紮傷是一種較嚴重的外傷性急症，患者會因大量失血、疼痛、恐懼，及重要器官、大血管損傷而危及生命。記住，若刀具插進體腔內，是不能拔出來的。

　　為什麼說不行呢？當刀具刺入身體時，或者其他異物，例如：劍、建築工地上的鋼筋等，插進身體裡不拔出的時候，由於壓力的原因異物與肌肉嚴密結合，暫時在血管中形成血栓。尤其是內臟傷，可以抑制進一步出血，獲得寶貴的搶救機會。

　　我們一聽說血栓，就會覺得是個特別不好的東西，因為我們經常說的腦血栓會帶給人們無盡的痛苦。不過血栓可不完全是個壞東西哦！

　　出血後你知道傷口是怎麼癒合的嗎？人體是個奇妙的組織。當血管受損後，就會自行收縮使血管變狹窄，減少出血量。在受傷的地方，血小板積聚在一起，和血凝蛋白形成了血凝塊，其他細胞就被吸附到受傷的地方幫助修復。血凝塊中形成了纖維組織血栓，阻塞了傷口處血液外流，使傷口處血液慢慢結痂，封閉和保護傷口直至完全癒合。當傷口癒合時，結痂自然就會脫落。懂了這個原理，就能明白為什麼

刺入體內的器具不能拔出來了。其實，插在體內的刀具就像是堵住流血的血栓。

　　當然，**刀具插進體腔不能拔出來還有兩個理由。一是，拔刀具的時候壓力瞬間消失，血會噴射出來，造成失血過多；二是，拔刀具的過程中也會加重臟器的損傷。**刀具留在體內能起到壓迫血管斷端的作用，以減少出血，提高搶救成功率。如果是刺入空腔消化器官，例如：胃或大小腸，不拔出刀具還可以防止內容物流出，而引起急性腹膜炎。

刀具不小心插進體腔不可直接拔出。

那該如何處置呢？

一旦刀具等異物插入體內，不要讓傷員活動，不要拔出刀具，也不要讓刀具更深入，盡量採取固定措施，使刀具等異物相對穩定。這樣做是為了避免異物亂動，防止傷口擴大。

可以在異物兩側各放一捲繃帶，如果沒有的話，可以將毛巾等物品捲緊，並緊夾住刀具，再將繃帶呈「8」字形包紮，也可以將三角巾折疊成的條帶，中間剪一大小適當的缺口，套住刀具等異物，再做加壓包紮。

如果刺入身體的刀具已經被拔出，就需要緊急處理，立即壓迫出血部位、加壓包紮，必要時結紮止血帶。

處理好之後，應立即前往醫院進行搶救。如果當時情況緊急，須立即撥打急救電話 119。如果刀具是生鏽的，那被感染的機率會增加，要準備好抗生素等。

高空墜物，砸傷的防範措施和方法

從 5 樓拋下一枚雞蛋，能達到約 4.42kg 衝擊力，能把人頭頂砸個腫包；這枚雞蛋要是從 10 樓往下拋，能達到約 6.25kg 衝擊力，砸到你頭破血流也不新鮮；若是將雞蛋從 20 樓往下拋，衝擊力能達到約 8.84kg，人的頭骨都能被砸破；如果雞蛋從 30 樓往下拋，衝擊力足以致人死亡。當然，我在這裡只是舉個例子，大家絕對不要去拿雞蛋做試驗。切記！

這就是高空拋物的威力和危害。據資料顯示，高空墜物已成為都市中僅次於交通肇事的傷人行為。

2021 年 1 月 1 日中國《民法典》正式施行，針對高空拋墜物這一侵權行為，在中國《民法典》第 1254 條做了具體規定：從建築物中拋擲物品或者從建築物上墜落的物品造成他人損害的，由侵權人依法承擔侵權責任。

說到高空墜物，由於事發突然，受害人來不及反應，可能會造成巨大傷害，嚴重情況下，現場急救已無濟於事。當然我們不能因此忽視在救護車到來前的急救措施，放棄為傷員爭取時間的機會。所以高空墜物的急救辦法你必須知道。

遇見高空墜物砸傷的情形，在救護車趕來之前，首先應判斷傷者的受傷部位，觀察其生命體徵，看是否清醒，能否自主活動。

若高空墜物導致傷者不能動，就不可亂抬，更不能亂背，因為亂抬或亂背會造成傷者脊柱、脊髓損傷，嚴重的可導致外傷性截癱；要及時撥打急救電話119；能站起來或移動身體的情況下，可以用擔架或車輛送往醫院急救。

另外，需要對傷者進行檢查，看傷者是否出現骨折。如果傷者是肋骨骨折，應該用三角巾、繃帶或衣服固定胸部；如果傷者是四肢骨折，應找兩塊硬紙板固定骨折部位，並用布帶綁住，但不能太緊；如果傷者脊柱受傷，應該用頸托、頭部固定器固定頸部後，再用鏟式擔架將患者抬上救護車。如果現場可能導致發生二次危險或多次危險事故，應及時讓傷者脫離危險環境。

若有人不幸被掉落的東西砸中頭部，現場要這樣救治：

如果被高空墜物切傷或者戳傷，甚至有異物插入頭部，千萬不能當場拔出異物，以防止傷口大量出血無法止住，或者造成二次創傷。

應該採取的措施是先用厚敷料在傷口外異物的周圍加以固定，然後再進行包紮救治。插入頭皮但未造成損傷時，可用消毒紗布或乾淨的布塊覆蓋傷口，並用手掌直接於患部壓迫止血。如果傷口處的泥沙、髒東西較多，應儘速到醫院處理。

如果有傷者頭皮撕脫的情況，應該將脫落的頭皮與傷者一起送往醫院，進行手術修復。

如果患者出現意識障礙、噁心、嘔吐，應考慮是不是腦震盪。一般輕度腦震盪，三天到一週時間，這些症狀就會消失；嚴重的腦震盪需要進一步就醫治療。

如果遇到昏迷不醒的腦外傷者，千萬不能頻繁搖晃傷者的頭部，以試圖叫醒傷者，要把傷者擺放成平臥姿勢，幫其清理口腔中的異物，以保持呼吸道順暢。

　　如果傷者頭部有血腫，要迅速以冰袋冰敷，防止血腫擴大。

　　如果傷者為開放性顱腦外傷，並伴有腦組織向外膨出，切忌在現場還入膨出的腦組織。應先用消毒無菌或清潔的敷料輕輕覆蓋在膨出的組織上，再用清潔的布帶子做個大小適宜的墊圈，再進行包紮，避免壓迫到腦組織。同樣，如果患者眼瞼出血，或出現鼻出血、外耳道出血，則應考慮是不是顱底骨折，切忌用棉花、紗布等填塞止血，只需擦去血液，並保持口腔衛生，及時撥打急救電話 119，送傷者到醫院進一步診治處理。

　　遇到嚴重的頭部外傷者，例如：發生心跳、呼吸驟停的情況，應立即進行胸外心臟按壓和人工呼吸，盡快使用 AED 來進行搶救。同時立即呼叫 119 急救中心，將傷者及時送至醫院，進行下一步的治療。

肢體斷離急救，懂得原理就清楚怎麼做了

　　斷肢包括手臂、手、手指、腿、腳、腳趾等部分的斷離、缺損，聽起來可怕，但在生活中也經常遇到。現代醫學很發達，斷肢再植不是難題，只要不超過一定時間，多數斷肢都能接上。

　　不過斷肢再植需要一定的條件，成功率受到很多因素的制約。**斷肢再植的條件主要是時間和溫度：**

　　斷肢後 6 ～ 8 小時，如果斷肢污染不嚴重，毀損也不是太嚴重，一般再植存活率依然較高。

　　低溫下斷肢的代謝率低，耗氧低，能夠耐受更長時間的缺血、缺氧。天氣較涼快、較冷的時候，肢體存活時間、保存時間會更長一些。

　　如果斷肢的創面比較整齊，肢體無明顯擠壓傷、無多處骨折，手術難度就會降低。斷肢再植需要手術。如果患者的身體情況不好，不能承受長時間的手術，那我們不建議做再植手術。還有患者的經濟狀況、職業、生活要求和主觀意願，以及醫生的技術、能力，醫院的條件等，都是影響是否建議做再植手術的因素。

再植手術還有兩條禁忌：

再植要保持低溫沒錯，但是溫度太低了也不行。溫度過低，血管會過度收縮，導致復溫困難；斷肢還不能沖洗、浸泡，否則會使組織細胞腫脹破裂，失去斷肢再植條件。

手指被切斷，最常見的錯誤處理方式有：

把斷指泡在酒精或固定液福爾馬林中，結果引起嚴重的細胞變質；用碘酒塗擦傷口和清潔被切下來的指頭；將手指泡在低濃度或高濃度的鹽水中，造成組織細胞脹破或乾癟；將斷指加熱保濕，加速組織變性；用米醋、醬油或其他有色的消毒藥液來清洗、塗抹傷口；用麵粉、木屑、香灰等止血。

明白了這些原則，你也就明白了斷肢再植的急救準備方法：

先止血，用無菌或清潔的敷料壓迫包紮傷口，然後處理斷離的肢體。

施工環境下有時候工人受傷，現場環境較差，導致受傷的斷肢不乾淨，但是記住斷肢再髒也不能沖洗，要保持斷肢乾燥，拿乾淨布或毛巾將斷肢包起來，放在一個塑膠袋裡綁好，再另找一個塑膠袋，裡面放上冰塊。沒有冰塊的用冰棒，甚至冰箱裡的冷凍魚、冷凍肉也行，再把裝了斷肢的塑膠袋放進去。兩層塑膠袋的目的就是避免溫度過低。

最後，在存有殘肢的包裹上寫明傷員姓名、受傷時間、上止血帶的時間，交給急救人員。

CHAPTER

6

兒童急救，有別於成人

兒童呼吸道異物梗塞如何處理？

容易發生呼吸道異物梗塞的人群大致分三類：

❶ 第一類人群是老年人。老年人牙齒脫落，吞嚥功能退化。患心腦血管疾病、食道疾病和阿茲海默症的老人，咽喉部感覺退化，吞嚥反射降低，容易出現呼吸道被阻塞的現象。服用大劑量慢性疾病藥物，也會造成吞嚥反射遲鈍。常有假牙脫落進入呼吸道的情況。

❷ 第二類人群是 5 歲以下兒童。5 歲以下兒童牙齒發育不全，咀嚼功能和吞嚥功能較差。嬰幼兒哭鬧、受到驚嚇，或突然摔倒時容易將口內含的物體誤吸入氣管；玩耍時易將小玩具，例如：彈球、圖釘、橡皮頭、塑料筆套等；或食物，例如：瓜子、花生米、豆類等吸入呼吸道。

❸ 第三類人群是成年人。成年人處於特殊情況下，最容易讓異物進入呼吸道。例如：醉酒昏迷時將嘔吐物吸入呼吸道，或者嘴含一些小物品，拋食花生米的時候，都有可能讓異物進入呼吸道。

我在這裡重點說一下兒童呼吸道異物梗塞的處理方式。兒童和成人的處理方式是不一樣的。

當嬰兒呼吸道異物梗塞時，施救者應立即高聲呼救，然後一手固定嬰兒頭頸部，使他的臉部朝下、頭低臀高；另一手掌根部連續叩擊肩胛間區 5 次後，再將嬰兒翻轉成臉部朝上、頭低臀高位，檢查嬰兒口中有無異物，如未發現異物，立即用食指、中指連續衝擊其兩乳頭中點正下方 5 次後，再將嬰兒臉部朝下，叩擊背部……背部叩擊法與胸部衝擊法兩種方法反覆交替進行，直至異物排出。

上面的方法適用於 1 歲以內的孩子。如果患兒是 1 ～ 8 歲的兒童，可以採取上腹部衝擊法。施救者在患兒身後，坐在椅子上或單腿跪地，一隻手 2 ～ 3 橫指放在患兒肚臍上一橫指，另一隻手 2 ～ 3 橫指重疊其上，向後上方連續衝擊，直至呼吸道異物排出或意識喪失。

還有一種兒童拍背法，坐在椅子上，沒有椅子就單腿跪地，把孩子腹部放在大腿上，頭低臀高，連續用力拍擊背部（兩肩胛骨之間）5 次，然後檢查異物是否排出，如未排出，繼續拍背，如此反覆進行。這個方法的原理，一是利用重力的作用，二是利用振動的作用。

歸納一下，兒童呼吸道異物梗塞急救的兩種方式：一是腹部衝擊法，二是拍背法。

哈姆立克急救法是美國外科醫生哈姆立克先生於 1974 年發明的，老先生在 2016 年去世。在哈姆立克急救法發明前的漫長年代裡，一般大眾使用的就是這種利用了重力和振動的方法——拍背法。

如果拍背法應用得當，可以救人一命；如果方法不當，不但救不了命，還會使情況更加嚴重，甚至加速死亡。拍背的時候如果不採取頭低臀高的倒立姿勢，而是以站立或坐立姿勢拍背，也不彎腰，不但不能排出異物，反而會使異物更加深入，這是極其危險的事。正確的方法可以救人，錯誤的方法只能延誤生命。切記！

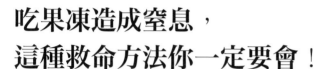

吃果凍造成窒息，
這種救命方法你一定要會！

　　意外傷害占 0 ～ 14 歲兒童死亡原因的第一名，而吸入異物又是造成兒童窒息死亡的主要原因，尤其 0 ～ 4 歲的孩子更是高危人群。

　　為什麼孩子的氣管這麼容易進異物呢？這是因為嬰幼兒咽喉道的保護作用不健全，咳嗽反射不靈活，容易將食物或含在口中的玩具誤吸入喉、氣管或支氣管內。另外，小孩子在喝水和吃飯的同時，常伴有哭、笑、說話、奔跑、跳躍等深吸氣的動作，也很容易將食物吸入。常見的氣管異物有瓜子、花生、蠶豆、小珠子、鈕扣、塑料筆套、各種小零件等等，可謂五花八門。

　　吃果凍造成異物卡喉的機率也很大。電視劇《長大》裡就再現這樣的例子。

　　果凍這種東西沒什麼營養，但是小孩子們就喜歡吃。由於年幼，食用不當，極容易造成果凍進入呼吸道導致窒息，甚至死亡。這樣的悲劇不只上面提到的電視劇裡有，生活中每年都有類似的案例發生，從網路上搜尋就知道。

果凍進入呼吸道很難排除，即使送到醫院也很難弄。大家想想，果凍是軟的，還很大一塊，就算是用喉鏡、氣管鏡或支氣管鏡去取也很難取出來。鉤，鉤不得；夾，夾不得。

　　果凍還有一個特點，柔軟容易變形。如果氣管裡進的是鈕扣，那它就那麼大，也不會變形，一般不會將器官堵死，孩子不會很快窒息身亡，但因果凍形狀會變化，所以會把呼吸道完全堵死。

　　在這裡我教大家一個獨門秘籍：「口腔負壓吸引法」。父母須學會這個方法，這真的是太重要了！

　　首先，要讓孩子頭後仰，拉直呼吸道，否則果凍不易吸出來。然後，家長用嘴包住孩子的嘴，捏住孩子的鼻子，用力吸，讓孩子的口腔內形成負壓，通過負壓吸引把果凍吸出來。當果凍被吸到口腔裡面，把孩子的頭偏向一側，再用手指把果凍摳出來，但千萬別越摳越深。果凍取出來以後，如果發現孩子沒有呼吸，馬上做嘴對嘴人工呼吸，就像心肺復甦採用的那種方式。

　　我曾在新浪微博中介紹過這種方法，後來有兩位家長留言說，就是用了這個方法救了孩子的命！

小孩消化道內進異物，該怎樣緊急處理？

　　小孩子的消化道進入的異物主要有魚刺、禽類骨頭、棗核、錢幣、小玩具及零件等，多由誤吞引起。人體食道內有 3 個狹窄處，以異物卡在食道第一狹窄處，即食道入口處最常見。吞嚥時食道附近疼痛，致吞嚥困難；第二狹窄處是食道入口下 7cm 左右的位置，此處貼著胸主動脈，一旦異物刺破食道壁，就可能造成致命性大出血。這是最危險的地方；第三狹窄處是食道出口處，發生危險的情況雖然較少，但也確實存在。

　　當異物卡在咽喉部或者食道，可能出現喉嚨痛、吞嚥困難症狀，嚴重者可出現咳嗽、血痰、胸痛、呼吸困難等症狀。尖銳異物或異物久滯於食道可引起食道炎、食道穿孔、縱隔炎、頸部皮下氣腫、大血管破裂出血等嚴重併發症。

　　消化道異物並不一定要採用哈姆立克急救法。呼吸道異物梗塞是因為阻擋了機體和外界進行氣體交換，如不排出異物，嚴重的人會很快因為窒息、缺氧而死亡，所以十分兇險。而食道異物不影響呼吸，沒有那麼危險。你用哈姆立克急救法衝擊上腹部，肺內壓力驟然增高，

造成人為咳嗽，可是食道並不連著肺，自然沒有氣流衝擊，所以解決不了食道異物。

食道異物在孩子身上發生得最多。不過無論吞嚥何種異物，只要卡在食道裡就會疼痛，吞嚥時疼痛會加劇。如果異物較大，會壓迫到前方的氣管，就會出現咳嗽、喘鳴，甚至造成呼吸困難。所以即便食道異物沒有生命危險，也需要緊急救治。

食道異物的急救措施：先要確定異物的種類，大小和形狀。較小異物，例如：鋼珠、鈕扣會落入胃中，不會引起嚴重後果，可以多吃一點粗纖維食物，例如：韭菜、芹菜、香蕉等，使異物早日從大便中排出。如果異物不規則，例如：徽章、棗核等，或者異物較大，卡在食道裡，這時不要讓病人強行吞嚥食物，以免加重食道損傷，應迅速去醫院找消化科醫生用胃鏡取出。魚刺、骨頭等尖銳物品卡喉時，千萬不要用民間方法處理，例如：吞嚥大塊飯糰、饅頭、喝醋等，以免弄巧成拙，增加風險。

異物卡在咽部或食道，應在 24 小時內取出，以減少併發症。

有一些異物進入食道就比較麻煩，例如：鈕扣、電池，當它卡在喉嚨裡，如果超過 6 個小時不取出，電池的正負極，在黏膜上就會被相連，導致短路、發熱，熱量會進一步聚集，並在短短數小時內嚴重灼傷食道黏膜。吃餅乾，誤食袋子裡的生石灰乾燥劑之後，乾燥劑遇水會產生強鹼，會對胃黏膜造成很嚴重的損傷，嚴重者有可能誘發消化道穿孔。

如果鈕扣電池已吞嚥下去，最好立即去醫院檢查，做胸腹部 X 光片檢查，以確認鈕扣電池位置、大小、形態、數量，以及電池周圍組織損傷情況，並由專業醫生取出。乾燥劑也是需要立即去醫院處理，而在去之前要先讓孩子飲用大量水進行稀釋。

如何給孩子餵藥？捏鼻子最不可取

有句話說，每個娃走的最長的路，就是家長的套路。

為了讓孩子順利服藥，家長們真是絞盡腦汁。有把藥瓶藏在飲料盒裡，或藏在西瓜下面，更多的家長是從好言相勸再到威逼利誘，最後沒轍了，採取強制措施，捏著孩子的鼻子直接往嘴裡灌。可是強行灌藥會讓孩子越來越害怕，越來越抗拒吃藥。讓孩子留下心理陰影，以後再餵藥就更困難了。如果在孩子說話或大哭時餵藥，很大程度上還可能引起孩子嗆咳，嚴重的可能導致肺部感染，甚至還有窒息的風險。

歸納起來，給孩子餵藥有好幾個錯誤方式：

❶ 躺著服藥

如果送藥的水量不夠，藥容易黏在食道壁上，並刺激食道，藥效也受影響。

❷ 猛然一仰脖

特別是對於孩子來說，這種方式容易嗆水，尤其是吃膠囊類的藥物，孩子很容易噎到自己。所以吃藥時動作要慢。膠囊這類

的藥物比較輕，微微低頭更容易吞嚥。吃藥片、藥丸微微仰頭就好。

❸ 大劑量餵藥

家長忘記幫寶寶按時餵藥，又想把錯過的那一次藥補回來，就會讓寶寶一次性服用 2 倍的藥量，這樣不經過醫生的允許擅自改變藥的劑量也是很危險的。

❹ 把藥混進果汁或飯菜裡

有些藥物，例如：腸溶片，將它掰開、碾碎，就會破壞藥物的劑型設計，可能會讓藥效在短時間內大量釋放，提前被吸收，既可能增加風險，也無法完全發揮藥效。另外，果汁、牛奶雖然掩蓋了藥物的味道，但有些成分可能與藥物產生反應，影響藥效。特殊情況下甚至可能形成結晶，反而對孩子造成傷害。

捏住鼻子給孩子餵藥不可取。

如果汁中的果酸會和藥物發生反應；牛奶中的蛋白質等會在藥物表層形成薄膜，干擾藥效；牛奶、奶粉中含有的鈣、無機鹽等物質，會與藥物反應產生難溶固體，且難溶固體無法吸收。

❺ 透過乳液餵孩子

對於一些特別小的孩子，有的孩子媽媽會自己先吃藥，認為乳汁中具有藥物成分，再餵給孩子。用這種方式估計是宮廷劇看多了。藥物需要先進入血液循環，乳汁中才含有藥物成分，像益生菌、蒙脫石散這類藥物，並不會進入血液。再說即便藥物進入血液循環，不同藥物進入乳汁的劑量也不同，無法保證孩子透過喝母乳方式攝入的藥物劑量。

❻ 喝完糖漿馬上喝水

這樣會降低止咳糖漿在咽部黏膜表面上的濃度，影響藥效；也會稀釋胃液，減弱胃腸道對糖漿的吸收。

餵藥說起來很麻煩，其實也很簡單：使用餵藥器就挺好用的。餵藥器有針筒式、奶嘴式和滴管式幾種，具有方便餵食、不易滴漏、不易傷害寶寶口腔、用量可控的特點。

還有兩個小竅門。舌尖是味蕾最敏感的部位。餵藥時，盡量不要讓藥物停留在寶寶的舌尖上過久。可以用湯匙或者壓舌板輕輕壓住孩子舌頭中部，用湯匙將藥液滴進孩子頰黏膜和牙齦交界處，讓藥物慢慢流進去。餵完藥後，喝幾口清水。

研究證實，37℃左右的水溫會使藥物口感最苦。所以替孩子餵藥時，最好不要用37℃的水送服。可在餵藥前讓孩子吸吮一口冰棒，以降低味蕾的敏感度，這樣再餵藥就容易多了。

如果小孩誤食毒物，
有哪些緊急化解的方法？

活潑好動是兒童的天性，他們好奇心強，分辨能力差，缺乏安全意識和知識，很容易把異物、玩具等當成食物吞下。兒童誤吞異物可能會造成嚴重的後果。前面我也講了，兒童食道異物怎麼處理。如果誤食的物品是有毒的物品，那急救方法就是另一回事了。

硬幣、玩具零件、磁鐵、電池、鑰匙、大頭針、釘子、小石子——兒童吃進食道的異物，都能開間雜貨鋪了。而什麼樣的東西有毒呢？例如：藥品、老鼠藥、洗滌用品等都屬於有毒物品。

家長發現孩子誤食家庭常備藥片和藥劑，該怎麼辦呢？

❶ 首先，要檢查孩子意識是否清楚。如果小孩意識清楚，則需要問清楚誤食毒物的種類和劑量。

❷ 其次，趕快催吐。怎麼催吐呢？先用乾淨手指刺激孩子的舌根部，引發嘔吐，把胃容物連同藥物、毒物一起吐出。

❸ 最後，口服洗胃。誤食藥品 6 小時內均應洗胃，越早越好。催吐之後，讓孩子喝 100 ～ 300mL 的水，喝完以後用乾淨手指刺

激他的舌根部，引發嘔吐，讓孩子把剛才喝的水連同藥物、毒物一起吐出來。反覆操作幾次，直至嘔出的液體清亮透明、無色無味為止。在洗胃過程中變換體位，並輕輕按摩胃部，以便把胃內各部位充分洗到。吐出來的東西要留一部分在玻璃瓶裡，方便醫生做毒物鑒定。

❹ 處置完畢，立即送往醫院。

如果孩子誤食的是劇毒老鼠藥，那該怎麼辦呢？

由於老鼠藥的類型不同，對人體造成的影響也不同。老鼠藥一般對消化道有很強的腐蝕性，嚴重的可以影響血液系統，造成機體出血，甚至死亡。所以誤食老鼠藥後，要緊急前往醫院，一刻都不能耽誤。造成出血的，予以維生素 K1 肌肉注射，並以保胃、保肝等對症治療，同時密切觀察病情變化。

如果小孩誤喝了洗滌用品，那該怎麼辦呢？

洗衣液等弱鹼性或中性洗滌劑基本上沒太大的毒性，若孩子喝的不多，一般沒有什麼影響，可以採用催吐和多喝水，增加尿量的方式來解決問題。但如果孩子喝的量比較多，而且孩子的症狀比較嚴重，就要盡快去醫院。

如果小孩誤喝碘酒、來蘇水怎麼辦？

如果小孩喝了這類有強烈刺激或腐蝕作用的藥物，那應立即讓孩子口服濃米湯或麵糊等含澱粉的液體，減輕對胃黏膜的損傷。

如果孩子喝的是潔廁靈等鹼性很強的毒物，那應立即讓孩子喝醋、檸檬汁、橘子汁等來弱化鹼性。

84 消毒液是一種以次氯酸鈉為主的高效消毒劑，味道很不好，一般不會被孩子誤服。一旦發現孩子誤喝了 84 消毒液，應立即讓孩子喝下大量的牛奶，以最大程度地保護孩子的消化道。

如果孩子的食道、胃部不適，應及時就診。如果孩子喝了酸性很強的毒物，例如：濃鹽酸、消毒液，千萬不要催吐，否則會帶給孩子的消化道第二次傷害。應立即飲入牛奶、豆漿、蛋清、食用油，以保護胃黏膜。基本處理以後，應盡快送孩子去醫院做進一步的救治。

　　奉勸家裡有小孩子的各位家長一句，為了安全起見，千萬不要把藥品、清潔劑等非食用性的液體放在孩子容易拿到的地方，更不能放在食品容器裡面，一定要放在孩子手碰不到的地方，最好集中鎖起來，使用的時候再拿出來，以避免孩子誤服。

夏天，汽車裡成為最危險的地方！

夏季天氣炎熱，開車帶孩子外出時，如果家長有急事離開，千萬不要將孩子反鎖車內，甚至忘記孩子的存在。孩子被困在密閉的環境裡極易因為高溫發生意外。近年來已有許多類似的案例。

一個 2 歲半的女童被父母遺忘在車內，5 小時後，女童雙目緊閉，渾身僵硬，沒有呼吸、心跳，血壓也完全測不到了，孩子渾身通紅，皮膚上還有被灼傷的水泡。還有一個 3 歲大的男童被遺忘在校車內死亡，臨死前用頭撞擊車窗……

為什麼夏季被鎖在汽車裡面的小孩子容易發生意外呢？其實，殺人兇手就是「熱射病」。這是因高溫引起的人體體溫調節功能失調，體內熱量過度積蓄，從而引發神經器官受損的疾病。

熱射病屬於中暑的一種類型。中暑分為熱衰竭、熱痙攣和熱射病。其中，熱射病是中暑症狀中最嚴重的一種。熱射病的發病機制主要是體溫調節機制突然遭到破壞以致散熱受阻，而表現為中樞神經系統抑制、少汗、體溫超過 41℃，以及嚴重的生理和生化異常，臨床上的表現為高熱、無汗、意識障礙。其危險性大，病死率高。

有一類人最容易得熱射病，就是建築工人。盛夏時，他們長時間在陽光暴曬下工作，中暑的危險性非常高。此外在海濱、登山，或在炎熱的夏季進行運動的人，由於缺少防曬降溫設備，猶如在密閉的車內，患熱射病的危險性也會大大增加。

某研究發現，當氣溫達到 35℃時，陽光照射 15 分鐘，封閉車內的溫度即飆升到 65℃。這種高溫，連成年人都忍受不了，更何況是小孩呢？

除了這種車內封閉環境中的高溫之外，平時人們隨意放在車內的一些小物品，很有可能會變成危險物品。

例如：一次性打火機，含有液態丁烷，長時間暴曬後，內部壓力增強，要是再加上摩擦、擠壓等因素，那就等於「小炸彈」；還有放置在外面的火柴，也容易燃燒起火；如果車輛停在陽光暴曬的地方，車內又放了個老花鏡（老花鏡屬於凸透鏡，易將光線聚集在一起），則易引發火災；含有二氧化碳氣體的碳酸飲料，在高溫下容易膨脹，進而引起爆裂，發生重大的危險；汽車香水揮發產生易燃氣體，爆炸臨界點為 49℃，如果車內溫度達到 65℃，很容易引發爆炸。此外，還有手機、電池等電子產品，暴露在陽光直射的位置，會因溫度過高，使機械出現問題，甚至導致爆炸。

炎熱夏季，中暑了該怎麼進行緊急救治？

中暑就像是醉酒一樣，根據嚴重程度可以分為好幾種狀態，具體情況下，可依據下列狀態進行判斷。

較輕者中暑前兆：在睡眠不足、過度飲酒，或在高溫環境下超強勞動一段時間後，會有大量出汗、頭暈、眼花、耳鳴、噁心、胸悶、心悸、無力、口渴、注意力不集中、四肢麻木等症狀出現。這時，體溫略高、脈搏充實而稍快。

輕度中暑症狀：除上述表現外，臉色潮紅或蒼白、噁心嘔吐、氣短、滿身大汗、皮膚灼熱或濕冷、脈搏細弱、心率增快、血壓下降等呼吸、循環衰竭為早期表現，體溫超過 38℃。

重度中暑症狀：除具有上述較輕中暑前兆與輕度中暑症狀外，其體溫多高達 40℃以上，呼吸急促而淺，脈搏快而變細，意識不清，煩躁譫妄，大小便失禁。如果救治不及時，很可能中暑死亡。炎熱夏季，一旦確定有人中暑了怎麼辦？

別思考人生了，趕緊讓中暑者脫離中暑環境，採取降溫措施使體溫恢復正常，防治併發症。

下面告訴大家，中暑基本的處理方法。

首先停止勞動或運動，迅速將患者轉移至陰涼通風處休息，其次解開衣扣、腰帶，敞開上衣。可服十滴水、人丹等防治中暑的藥品。

協助患者坐下來，用靠墊支撐。用冷水浸泡或淋浴降溫。可採用電風扇吹風，現場不具備資源的，也可以頭部冰敷，把患者用冷濕的床單包裹起來，持續澆冷水，保持床單潮濕，再用扇子搧風，迅速降溫。高熱者，應在頭部、腋下、腹股溝等大血管處放置冰袋（將冰塊、冰淇淋等放入塑膠袋內，封閉嚴密即可）；還可用冷水或 30% 酒精擦浴直至皮膚發紅。每 10 分鐘測量一次肛溫，直至舌下溫度降至 38℃ 為宜。

當患者體溫降至正常，也就是腋下溫度 37.5℃，可以把濕床單換成乾的。大量出汗的患者，應飲用含鹽的清涼飲料、含有電解質的運動飲料或果汁。要確定飲料的碳水化合物或糖的濃度不超過 6%，以免抑制腸道吸收。昏迷患者則禁止餵水，以防窒息。

如果患者意識不清，應取側臥位，防止嘔吐導致窒息。

輕度中暑、重度中暑，除進行上述處理外，都應該及時去醫院就醫，必要時撥打急救電話 119。

再向大家介紹一些簡單的避暑方法。室外環境下，帶上一些淡綠茶水或淡鹽水，一天喝三、四次。常用冷水沖手腕，可以降低血液溫度。感覺身體發熱發燙，用風油精或藿香正氣水擦拭，蒸發吸熱，進而降溫。

頭部碰傷，千萬別認為是小事

　　一個 9 歲女孩，放學回家的時候被自行車撞了，之後感覺到頭很痛。母親檢查了一下孩子的頭部，覺得沒怎麼樣，也就沒當回事。吃晚飯的時候女兒說頭暈想睡一會兒，結果再也沒醒來。後來，醫生診斷女孩是因為外傷性顱內出血，因耽誤時間太久，大量血腫壓迫腦組織導致死亡。

　　外傷性顱內出血是很嚴重的病症，表面上粗略一看沒發現什麼問題，但是孩子肯定會有一些異常表現，可惜媽媽缺乏醫學常識，沒能引起她的重視，耽誤了寶貴的救治時間，最終釀成悲劇。

　　撞到頭部或是頭部受傷的事件不在少數，特別是孩子，因為淘氣，到處撞來撞去，或者因一些意外受傷，導致腦震盪、顱內出血的事件也發生過。孩子年紀小，對於病情不自知，也描述不清，所以容易出現大問題。

　　孩子被撞後不舒服時怎麼辦？大部分家長的想法是，去醫院，交給醫生處理。但是作為家長，您需要具有一定的病情分析能力，具備簡單的急救知識，這樣就能在某個突發狀況下，做出正確的處理。

孩子撞到頭部以後，家長首先要檢查他的意識與反應是否正常，四肢活動是否自如。查看碰撞部位是否出現腫脹、青紫等情況，孩子摔傷後可不是哭聲越大，受傷越嚴重，所以不能只透過孩子的哭聲、疼痛的程度、出血程度來判斷傷情。嚴重的病情往往是無聲的。孩子在碰撞後出現情緒不穩定、不安、頭暈、頭痛、嘔吐，甚至昏迷時，都應立即送到醫院檢查。

　　頭部受傷以後，鼻子或耳朵出血，被稱為「鼻漏」、「耳漏」。不同部位的骨折有不同的表現，例如：眼眶周圍血腫（熊貓眼症）、乳突（耳朵後面的隆起）血腫、鼻漏、耳漏等。如果用白紗布沾一下血，紗布上不僅可以見到血，而且血的周圍一圈有無色透明或淡黃色的液體浸濕，這是腦脊液漏，應該判斷為顱底骨折。腦脊液是存在於腦室及蛛網膜下腔的一種無色透明的液體，包圍著整個腦及脊髓，能起到一定的保護作用。

　　一旦出現鼻漏、耳漏，最重要的就是不要填塞止血，否則就可能造成逆行性顱內感染。顱內感染一旦形成，處理起來非常棘手，所以一定要避免逆行性感染。頭部受傷後要密切觀察是否出現肢體麻木或感到異常，應及時去醫院檢查或拍 CT 等，以免引發慢性疾病，且延誤治療。

「爸爸帶娃，活著就好！」

　　週末，爸爸媽媽帶著幼兒去遊樂場。孩子吵著要買糖吃。爸爸嫌糖對牙齒不好，拉起孩子就走。此時只聽嘎拉一聲，壞了，孩子的胳膊肘錯環了。孩子少不了哇哇大哭。您說這當媽的有多心疼。

　　這個胳膊肘錯環，學名叫橈骨小頭半脫位，簡單來講就是脫臼，是嬰幼兒常見的肘部損傷之一。發病年齡 1 ～ 4 歲，其中 2 ～ 3 歲發生率最高，男孩比女孩多，左側比右側多。

　　損傷主要是牽扯拉上肢或肘部扭傷。橈骨小頭半脫位在日常生活中大人牽拉孩子胳膊上下台階時最易發生，國外又叫「牽拉走肘」。除去剛才提到的那種情況，像雙手牽拉幼兒腕部在走路時跌倒；穿衣服時由袖口牽拉幼兒腕部；在床上翻滾時，身體將上肢壓在身下，迫使肘關節過伸等，都可能發生橈骨小頭半脫位。

　　關節脫位就是脫臼，是構成關節的上下兩個骨端偏離了正常的位置，發生錯位。關節脫位後，韌帶、關節軟骨、關節，及肌肉等軟組織也有損傷，造成腫脹、血腫。關節脫位最常發生於肩關節、肘關節、腕關節和手指關節等處，10％的關節脫位患者伴有骨折的症狀。關節

脱位的症狀首先出現的是劇烈疼痛，並伴有腫脹、關節活動受限。關節脫位嚴重時可直接看到關節畸形，使患者感受到劇烈的疼痛，甚至引發暈厥。

小孩子骨骼發育不完全，很容易脫臼。在進行一些激烈的對抗運動時，用力過大，或往同一個方向牽拉動作過猛，特別容易發生脫位。當遭受猛烈撞擊或者摔倒，用力過大，關節極度過伸、扭轉或遭受側方擠壓等外力作用時，極易導致手指、腳趾或膝關節脫位。除此之外，還有一些關節脫位是由於病理性原因導致的。免疫力下降、缺鈣、韌帶拉力不足等人群，常會出現關節脫位的現象。

關節脫位的復位治療要及時，復位時間越早，治療效果越好、越容易、復位成功率越高。

對於橈骨小頭半脫位，急救復位治療並不複雜。一般復位時不需要麻醉，醫生的復位方法為：先安撫好幼兒情緒，一手握孩子肘部，拇指壓在橈骨小頭外側稍前方的位置，另一手握住孩子受傷的腕部。保持這樣的姿勢後，握住孩子手腕的手稍微做外旋，握住肘部的拇指用力按壓的同時，將前臂略做牽引，並反覆前後旋轉，必要時可伸屈肘關節 2～3 次。如果聽到輕微彈響，活動肘關節靈活且孩子不再哭鬧，說明復位成功。

大家可能見醫生往上一托，關節就復位了，孩子的胳膊就沒事了，這看起來似乎很輕鬆。實際上，醫生手上的功夫也不是一天兩天練出來的，家長可別在孩子身上亂試。肘關節脫位，最好還是去醫院治療。復位後用三角巾懸吊一～三週。如果活動時疼痛或復發，宜於屈肘 90°後，用石膏固定兩週。

注意，發生橈骨小頭半脫位後，勿再提拉孩子手臂，防止復發。一般 6 歲後橈骨頭長大，就不易脫位了。

孩子鼻孔裡進了飯粒，怎麼辦？

　　一個孩子媽媽緊急向我求助，說她的小女兒吃飯時把米粒塞進了鼻孔，當孩子自己覺得不得勁了，便開始哭鬧。這位女士想找東西把米粒掏出來，但看到孩子的鼻子那麼嬌嫩，有點不敢，只能在家裡乾著急。

　　異物入鼻子這件事大多發生在兒童身上，孩子不懂事、貪玩、好奇心重，常將豆類、果核、鈕扣、小玻璃球塞入鼻腔，較大的植物性異物，進入鼻腔後膨脹將鼻腔完全堵塞，影響鼻竇引流，引起感染併發鼻竇炎，導致流膿涕、頭昏、頭痛等。

　　如果是比較尖銳、粗糙、不規則的物體進入鼻腔，則會損傷鼻腔，並引發潰瘍、出血、流膿和鼻塞等症狀。如果孩子太小不會説話，不能描述自己的症狀和感受，就可能造成嬰幼兒鼻腔內長期存在異物，導致患兒消瘦、發育不良。最可怕的是，異物可能通過後鼻孔進入呼吸道，造成呼吸道梗塞，甚至危及生命。

　　有的孩子年齡小，不會自己描述，而對於孩子的鼻孔內是否存在異物可以先這樣判斷。先觀察孩子是否有以下情況：呼吸困難，或者呼

吸時鼻子裡有聲響；鼻子腫脹；有異味或者帶血的東西從鼻孔裡流出來。當然，最後這一情況說明鼻孔已經堵塞一段時間了。有這樣的症狀時，就應該猜到是鼻孔中的異物在作怪。

相比於其他異物，例如：玻璃球、礦物質異物等比較麻煩、容易進入呼吸道造成窒息的「危險品」來說，飯粒進入鼻腔不算大事。而且若在吃飯時不小心，讓飯粒進入鼻腔，只要不是故意捅進去的，一般飯粒都不會進入太深的位置。在這種情況下，可以用手堵住沒有異物的那一側鼻孔，用力擤鼻涕，利用衝擊力將米粒擤出來。若沒有用，可以找一根橡皮管，將管內吸滿溫開水後噴鼻孔，水可以將米粒帶出來。

如果這兩種方法都沒有產生作用，或者米粒在鼻腔內時間過長，造成鼻腔內黏膜腫脹和潰瘍，則須立即去醫院由醫生處置。如果孩子年齡太小，不知道如何配合家長，那就別嫌麻煩，儘快去一趟醫院，讓醫生來處理。

對於小朋友來說，鼻腔內有異物真的是很常見的現象。該如何處理呢？擤鼻子是首選。

先讓患者安靜，通過嘴有規律地呼吸。異物進入鼻孔不是很深，可以用嘴先深深地吸一口氣，閉緊嘴巴，再按住另一個沒有異物的鼻孔，之後用含有異物的鼻孔做出擤鼻涕的動作，利用氣體把異物排出來。一定不要自己嘗試用鑷子去夾，否則異物可能會因為沒有著力點而滑入鼻腔更深處。

如果異物入鼻太深，不要自己處理，應立即去醫院，由專業醫務人員安全地清除鼻中異物。

被鞭炮炸傷，用這些方法來急救

燃放鞭炮被燒傷、炸傷的事件年年都有發生。但現在部分區域因為污染環境而禁放爆竹。被鞭炮燒傷、炸傷，且比較多見的受傷部位是手部和眼睛、臉部，甚至同時發生顱腦、胸腹、四肢的損傷。受傷部位不同，急救方法也不同。

皮膚的輕微炸傷，可能引起流血和細菌感染。在一般情況下，皮膚輕微的燒傷可先用生理鹽水清洗傷口上的髒污物，然後用酒精擦拭，以確保傷口別感染就可以了。手足炸傷，要是沒出血僅是灼傷的話，就當作不嚴重的燒傷處理，盡快沖冷水可以防止燒傷面積擴大。再用消毒紗布或者乾淨手帕輕輕蓋在傷口上。此外，還應檢查一下鼻毛有無燒焦，如果被燒焦，有可能會燒傷呼吸道；另要注意有無睫毛燒糊變捲，如果有則可能燒傷眼球，也要及時在就診時告訴醫生。手足炸傷出血了，可使用按壓止血法，然後纏上繃帶。如果出血不止且量大，則應用橡皮帶或粗布紮住出血部位的上方，抬高患肢，將患者急送醫院做清創處理。

如果爆竹威力大，就有可能不慎炸掉手指。注意一定要妥善保存好殘肢，保存斷肢可用之前我教過的兩層塑膠袋保存法。

煙火鞭炮燃放後產生的煙霧刺激性較強，其中含有硝、二氧化硫、細小顆粒物等有害物質。這些化學物質和顆粒物能直接刺激鼻黏膜、呼吸道黏膜。一定要迅速脫離煙霧環境，並在必要時吸氧。

　　當然，最麻煩的也是比較常見的傷害就是眼睛被炸傷。那該如何處理呢？

放鞭炮注意安全，謹防被炸傷。

　　首先，將傷者眼部、臉部的髒污物等小心清除。皮膚表面出現水泡也不要挑破，以防感染。臉部的血管豐富，如有出血應用乾淨的紗布或毛巾用力壓住傷口，以起到止血的作用。如有眼球破裂、眼內容物脫出等症狀，患者會非常恐懼。此時，若患者眼瞼高度腫脹、淤血，眼睛睜不開，記住千萬不要揉眼睛，也不要強行用手撐開眼瞼或去除

脱出的組織。其次，應用清潔紗布覆蓋後，再扣上大小適當的碗。最後包紮，這樣可以有效地防止眼球受到壓迫。

不要沖洗傷口，以免髒物更加深入或加重損傷。不要塗抹藥物，尤其是有顏色的藥物，以免影響醫生對傷情的判斷。撥打急救電話 119，將傷員安全、快速地送往醫院。

當然，最好的急救是防患於未然。大家燃放鞭炮，尤其小朋友在放鞭炮的時候要特別注意安全，要選擇平坦空曠的地面，以免花炮（煙火和鞭炮的合稱）的衝擊力導致煙火傾斜倒地，進而傷到人員或引起火災。最好用燃燒的香或帶火星的長木棍點燃鞭炮、煙火，這樣距離燃點遠些，較為安全，點燃後可迅速離開。小朋友在燃放鞭炮時，一定要有成人在場，以確保孩子的安全。

乘坐電梯時，突然發生故障如何自救？

　　隨著社會的發展，城市高層建築越來越多，電梯自然也少不了。但是，由於電梯質量不合格或者年久失修，使得電梯很容易出現緊急故障，導致意外發生。我們都有乘坐電梯的經歷，絕大部分人沒有遇過電梯故障，但是掌握急救措施還是十分必要的，萬一有天遇到電梯故障，我們能夠迅速找到恰當的處理方法，並將傷害降到最低。

　　電梯最常見的故障主要有兩種：一是電梯突然停止運行；二是電梯失去控制急速下墜。還有一種不常見的情況就是，電梯突然失去控制急速上升。

　　如果電梯發生故障，受困者該如何採取自救方法，並確保安全從而獲得救援呢？以下我們來談一談。

➜ 第一種情況，電梯突然停止運行

　　意外停電會使電梯停在半空中。首先不要慌張，不要大喊大叫，要保持安靜，快速平復自己的情緒，以便正確地進行自救或求救措施。如果一起受困的人中有心血管疾病患者，那一定要注

意：若過於緊張焦慮，可能會引起心血管病人的病情發作。同電梯的人要盡量安慰他，一定讓他保持平穩心態，慢慢呼吸。如果幾個人同時受困，可以用聊天來分散注意力。

一般電梯備有發動機，只須在轎廂裡靜靜等待即可。電梯裡設有求救鈴，可以按鈴求救，或撥打電梯中標示的故障報修電話，告訴對方發生的情況。也可以通過手機撥打 110 報警。這些方法沒有用時，可拍門叫喊或脫下鞋子拍門敲打，以發出訊號求救。如有行人經過，要設法引起他的注意。不要不停地呼喊，要保持體力，等待救援。

一般的電梯故障不是很危險，一些自以為是的自救行為才是最危險的。所以，切忌強行扳開電梯內門、外門。即使能打開內門，也未必能碰得到外門。電梯外壁的油垢還有可能使人滑倒。此時只需要等待搶修人員的到來。

➡ 第二種情況更加糟糕，電梯發生事故，迅速往下墜落

此時需要採取緊急措施保護自己。不論有多少層樓，都要迅速將所有樓層的按鈕全部按下，這樣當緊急電源啟動時，電梯可馬上停止繼續下墜。如果電梯內有扶手，一手緊握，固定人所在的位置，確保不會因為重心不穩而摔傷。整個背部跟頭部緊貼電梯內壁，呈一條直線，憑藉電梯內壁作為脊椎的防護。膝蓋彎曲，腳跟提起，呈踮腳姿勢。這樣的姿勢，可用來承受重擊壓力，加強緩衝，因為韌帶富有彈性，遠比骨骼可承受的壓力程度要大。

淘氣男孩手臂被自動電扶梯夾斷，太可怕！

在中國六一兒童節這天，4 歲男孩在一家影城的自動電扶梯上逆向前行時，在自動電扶梯口突然摔倒，導致右胳膊被夾斷。緊急送醫後，斷臂進行再植手術，經過 8 個小時後，手術的再植成功，但以後手臂功能可能會受到影響。

自動電扶梯夾傷幼童的新聞經常能看到。有一名 3 歲男孩在商場內玩耍時，手指被自動電扶梯的踏板夾住，只能帶著卸下的踏板一起入院治療。經檢查發現，小男孩的手指已經壞死，只能對右手無名指進行截指手術。另一名 3 歲男童乘坐自動電扶梯下樓時，不慎滾落下來，左手掌及手腕直接插進自動電扶梯底部的縫隙中。消防人員將自動電扶梯底部的鋼板強行拆除，才救出被困男孩。

且不說自動電扶梯的品質和維護是否有問題，或商家有沒有責任，事故帶給孩子造成的痛苦和心理創傷是長久，甚至是終生的。

帶孩子，且特別是年紀較小的孩子乘坐自動電扶梯時，家長一定要看管好孩子。千萬不要讓孩子單獨乘自動電扶梯，而且不要讓他在自

動電扶梯旁玩耍。孩子搭乘自動電扶梯時，讓孩子站在自己的身體前方，且面向自動電扶梯運行的正前方，確保孩子在視線範圍之內。一旦孩子做出玩扶手、玩梳齒板，伸頭向外看等危險動作時，要第一時間制止。

乘自動電扶梯的時候，家長不要做玩手機等分心的事情，臨近進出口處要提高注意力，引導孩子安全出入。還有就是不能讓孩子穿過長、容易垂地的衣物和洞洞鞋。而在自動電扶梯進口處，靠近地面的地方有緊急按鈕，一旦出現危險情況，應快速按下該按鈕。

怎麼做學會了以後，還要知道怎麼說。要引導孩子從小樹立急救觀念和安全意識。告訴他們乘坐自動電扶梯時要注意以下事項：

不要踩在黃色安全警示線及兩個階梯相間的部分，以免腳被捲入縫隙。

上自動電扶梯時，要注意自己的鞋子及衣服，不要碰到圍裙板和梳齒板。衣服過長可以提起來，以免不注意被捲入自動電扶梯中。一旦鞋子和衣物被捲入，也不要急忙用手去扯，以防手被捲入，要趕緊告訴爸爸媽媽。

不能在自動電扶梯上隨意走動、跑跳、蹲坐，不然很容易摔跤、跌落，尤其是自動電扶梯進出口處，更不要嬉戲逗留。

不要將頭部、四肢伸出自動電扶梯之外，不然容易撞到天花板或相鄰的自動電扶梯等障礙物。

千萬不要攀爬自動電扶梯的扶手，以免跌落。

手指被門夾傷，紅腫有淤血怎麼辦？

有個還不到 2 歲的寶寶，大拇指被門夾傷，紅腫且充滿淤血。家長心疼得不得了。孩子天性好動，日常生活中，常常會被門窗、抽屜、冰箱或者汽車門等夾傷手指。但是不到 2 歲的寶寶還沒有自主活動能力，運動協調能力差，被門夾傷，只能怪家長太粗心。不到 2 歲的孩子器官功能發育還不完全，即便在傷情不嚴重的情況下，對孩子造成的傷害也很大。夾傷後輕者手指出血腫脹，重者可能導致手指潰爛、指甲脫落，或關節出血、骨折。在日常生活中，家庭和學校的大門、鐵閘、窗框、抽屜或者汽車門等，最容易夾傷手指。夾傷對象當然以孩子最多了。十指連心，孩子的那種痛苦，難以用言語表達。

手指被夾傷時，不必驚慌。只要根據症狀按照下列方法做就可以：

如果只是輕微夾傷，沒出現黑紫色，那問題不大。不用理會，過兩天就好了。

如果有出血，就要及時止血和消毒。出血不止的話，可用手指壓迫出血處幾分鐘，然後用繃帶包紮好，再將手臂用三角巾固定，有必要的話，隨後就醫。

如果被夾傷後，出現紫色的出血現象或腫脹，可以冰敷消腫；剛出現淤血的兩天內用冰袋敷，每次不超過 20 分鐘，目的是止血，避免淤血範圍擴大；兩天後改用熱敷，促進淤血消散吸收。每次熱敷時間在 15 ～ 20 分鐘，每天敷 3 ～ 4 次。如果手指有皮膚破損的情況須慎用熱敷。腫脹有一個過程，3 天左右是高峰期，一般 5 天後開始消腫，時間大約需要兩週。還可使用外用活血化瘀的藥物來治療。

　　如果被門夾傷情況嚴重，有可能造成指骨骨裂或骨折，或關節脫臼。遇到這種情況，可用比手指稍長的鉛筆、筷子、雜誌等物件作為支撐的夾板支撐起手臂，然後用繃帶或布條紮好，再將手臂用三角巾或布固定掛在脖子上，送往醫院治療。醫生替患者接骨並且取出指甲上的血塊。若指甲出現鬆動，不要隨便剪掉指甲。若指甲脫落，也沒關係，不用擔心，只要甲根和甲床癒合狀況良好，新指甲是可以再生長的。可用雙氧水等幫手指消毒後再用紗布加壓包紮止血，數日後手指疼痛逐漸消失，一般 3 個月後，就可以長出新的指甲。

　　治療手指夾傷期間，要盡量避免受傷部位沾水。

竹籤紮傷喉嚨，太危險！搶救要及時！

中國北京一個 4 歲小女孩，吃完燒烤，沒有扔掉竹籤而是拿在手裡玩，結果被一起玩耍的小朋友從身後撞了一下，摔倒撲向地面，舌頭被燒烤的竹籤直接貫通刺傷。孩子的舌頭被一根竹籤紮穿，直刺向脊髓的方向。孩子受傷後 10cm 的竹籤只剩一個頭在外面，到兒童醫院後，已經全部沒入舌內。核磁的檢查結果讓所有人鬆了一口氣，竹籤與動脈擦邊而過，相隔不到 1cm。尖端雖然插入較深，但沒插進脊髓。耳鼻咽喉頭頸外科主任為孩子做了手術，拔出竹籤只用了幾秒鐘。

除了吃烤腸和肉串，糖葫蘆的竹籤刺傷孩子的事情也時常發生。這樣的針狀、條狀尖銳物體刺傷事件在耳鼻喉科很常見。2 ～ 7 歲兒童是異物傷害的高發人群。學齡前兒童缺乏安全防範意識，嬉笑打鬧和奔跑時很容易造成傷害。

對於竹籤刺傷孩子頭頸部的傷害，在送往醫院之前我們需要進行相對應的處置。

首先，不要讓傷者活動，更不要拔除竹籤。頭、臉部有大動脈和各種血管分布，假若異物在動脈處，隨意拔出會造成血液噴湧，止血不及時會失血過多，造成嚴重後果。

其次盡量採取固定措施，使竹籤相對穩定，防止大出血或加重損傷。可在竹籤兩側各放一捲繃帶，或將毛巾等物捲緊，再用繃帶做「8」字加壓包紮，也可將三角巾折疊成的條帶中間剪一大小適當的缺口套住異物，再做加壓包紮。這一點和刀具刺入體內的急救措施一樣。

刺入身體的竹籤如果已經被拔出，應立即壓迫出血部位、加壓包紮，以免失血過多，必要時結紮止血帶。

處理好之後，應立即把孩子送往醫院。如果當時情況緊急，就要立即撥打急救電話 119。

有時候竹籤比較髒，處理時要注意幫傷口處消毒。

在做這一切工作的同時，家長要保持冷靜，安撫孩子的情緒，使孩子平靜下來。父母的恐慌容易引起小孩子的焦慮與哭鬧。

這樣的案例帶給家長們一些提醒：兒童吃用竹籤串起的食物時，應該將竹籤拔掉，或者吃的時候坐下來，不要隨意走動，更不要邊吃邊玩，吃完後要馬上丟掉竹籤。家長一定要教導孩子這些常識，否則稍不留神，就會發生意外。

嬰兒心肺復甦，怎麼操作安全有效？

　　心肺復甦是一門救命的技術，不僅對成人，而且對搶救嬰兒同樣適用。因嬰兒的解剖、生理及發育等與成人不同，所以徒手替嬰兒做心肺復甦的操作與成人有較大的差異。大家可以對照成人心肺復甦方式替嬰兒進行心肺復甦，雖然兩者的內容有區別，但原則是一樣的。

　　當嬰幼兒不會說話，判斷他是否存在意識，就不能採取對成人那樣輕拍肩膀、大聲詢問的方式了；可採用刺激嬰兒足底的方法，如果嬰兒會哭，就說明還有意識。

　　嬰兒頸動脈不易觸及，可檢查位於上臂內側肩肘之間的肱動脈（平常量血壓的位置）。搶救者大拇指放在上臂外側，食指和中指輕輕壓在內側即可感覺到脈搏，也可透過觸摸嬰兒股動脈（腹股溝韌帶的中間）來判斷有無心跳。

　　新生兒的心肺復甦步驟和成人不完全一樣，成人是按照 CAB 的順序，即胸外按壓（Circulation）、暢通呼吸道（Airway）、人工呼吸（Breathing）順序，而新生兒採用 ABC 等順序，即暢通呼吸道、人工呼吸（口對口鼻吹氣）、胸外按壓。在以前，無論是成年人還是孩子，

都按照 A → B → C 這樣的要求進行心肺復甦，但在《2010 美國心臟協會心肺復甦及心血管急救指南》中，建議將成人、兒童和嬰兒（不包括新生兒）的基礎生命支持程序從 A → B → C 更改為 C → A → B（胸外按壓、暢通呼吸道、人工呼吸）。為什麼是 CAB 順序呢？因為絕大多數患者的心臟驟停，都是心跳先停，接下來才呼吸停止，所以要先做胸外心臟按壓。這樣的調整是科學的。

嬰兒暢通呼吸道時，下頜角和耳垂的連線與嬰兒仰臥的平面呈 30°角即可。嬰兒的韌帶、肌肉鬆弛，所以頭部不能過度後仰，以免氣管受到壓迫，影響呼吸道暢通。

成人是口對口人工呼吸。對 1 歲以內的小孩要採用口對口鼻人工呼吸，因為孩子的鼻子和嘴離得太近，如果捏住鼻子的話，就沒法包嘴了。可以把鼻子和嘴巴同時放在嘴裡，然後吹氣。做人工呼吸時，對小孩的吹氣力道不能像對大人的吹氣力道一樣，要輕輕吹，看到小孩的胸廓稍微起伏一下就可以了。

嬰兒按壓部位是兩乳頭連線中點的正下方，一隻手的食指和中指併攏，指尖垂直往下按壓，按壓深度為嬰兒胸壁厚度的 1/3，每分鐘 100 ～ 120 次。對嬰兒可以一個人同時做胸外按壓和人工呼吸，像成人一樣，胸外按壓和人工呼吸的比例為 30：2。

嬰幼兒出現危險需要進行心肺復甦的情況，多數發生在室內、在家裡。因此，媽媽們有必要掌握這樣的急救方法。

通常孩子的心臟比老年人的要健康得多，如果在現場對他們施行長時間的搶救，有很大機會能夠搶救回來。

CHAPTER

7

給予長輩的深切關懷

如何快速準確識別老人是否中風？

　　大家經常聽到別人說中風，但是對這個病並不一定很清楚，我在這裡向大家科普一下。中風就是急性腦血管病，又稱作「卒（音 cù）中（音 zhōng）」，是腦部血管突然破裂或血管阻塞導致血液不能流入大腦而引起腦組織損傷的一組疾病。急性腦血管病和冠心病並列為危害當代人類健康的兩大殺手，具有「四高一低」的特點，即發病率高、復發率高、致殘率高、死亡率高，治癒率低。社會上更有傳言，寧心肌梗塞不中風。可見這種病有多可怕。

　　世界衛生組織的數據顯示，中國急性腦血管病發生率以每年 8.7% 的速度上升，比美國高出一倍。中國腦血管病的死亡率是心肌梗塞的 4 ～ 6 倍，帶來的經濟負擔卻是心肌梗塞的 10 倍。每年替中國帶來的社會經濟負擔達 400 多億元。

　　急性腦血管疾病，是中老年人群的常見病。現代社會上急性腦血管病的發病年齡趨於年輕化，而中國社會卻已進入高齡化，這使得發病人群也驚人地擴大。

　　急性腦血管病包括腦血栓和腦出血，雖然性質完全相反，但是表現出來的症狀卻完全一致，都是感覺障礙、肢體障礙，識別方式都是差

不多的。

而如何快速識別急性腦血管病？

國外有人歸納成「FAST 識別法」，就是四個英文單詞的縮寫：

F（Face），自己照鏡子觀察臉部兩側是否對稱、微笑時嘴角有無歪斜。

A（Arm），雙臂平舉，觀察雙臂是否能平舉在同一高度，觀察是否出現無力、垂落的情況。

S（Speech），試著說一句完整的話，背一段居家庭地址、電話號碼，觀察能否按邏輯正確表達、有無口齒不清。

T（Time & Telephone），若出現上述情況之一，盡快撥打急救電話：國內 119/ 國際 911，盡快到醫院就診。

還有一種「中風 120」快速識別法，含有識別與行動兩層意思：

「1」代表一張臉蛋是否出現左右不對稱，即是否有口眼歪斜症狀。

「2」代表兩隻手臂能否輕鬆順利舉起，即是否有一側肢體無力或不靈活。

「0」諧音零，代表聆聽患者說話是否清晰，即是否出現言語不流利、口齒不清。如出現緊急情況，立刻撥打急救電話 119。

這些方法都是總結歸納出來，供大家方便記憶。

識別患者是否中風，其實很簡單，就是讓病人笑一笑，觀察是否有面癱；抬一抬胳膊，看有無偏癱；說說話，看有無失語。

同心肺復甦搶救一樣，急性腦血管病治療同樣有「黃金時間」。缺血 3 ～ 6 小時以內，透過治療使血管再通，血液供應恢復，部分腦細胞可恢復到正常狀態；超過 6 小時，部分腦細胞可能由於缺血過度到壞死；超過 12 小時，絕大部分腦細胞將徹底壞死。

盡早發現、盡早治療，是最應該做的事。

中風前這三個反常症狀給你發預警

　　我在前面已經講了幾種識別中風的方法，例如：「一笑二抬三說」等。不過，當病人出現這樣的症狀時，說明已經發病，需要即時急救了。如果能夠多留意病人之前出現的異常表現，發現徵兆，豈不更好？其實，中風在發作前往往有些蛛絲馬跡，若能及時發現，分秒必爭地搶救，患者中風的死亡率可降低在 10% 以內。

老人中風前都有哪些徵兆呢？

➡ 頻繁打哈欠

　　正常打哈欠是人大腦自發進行調節的一種行為方式，但是老年人頻繁打哈欠，可能是由於腦組織處於缺氧狀態。這不代表犯睏，而有可能是中風的前兆。

　　隨著年齡的增長，中老年人腦動脈硬化的患病率增高。腦血管發生硬化後，管壁彈性降低，管腔變得狹窄，大腦血流量也隨之減少，致使腦組織缺血、缺氧。尤其是在中風前幾天，這種現象最為嚴重。此時期內的機體透過大腦的反饋機制刺激中樞，調節呼吸速度和深度。

　　打哈欠就是透過深吸氣使胸內壓下降，靜脈血大量回流心臟，增加

心臟的血液輸送量，以達到緩解腦部供血不足。腦組織缺氧越嚴重，打哈欠就越頻繁。有人研究發現，有70％的腦中風患者，發病前5～10天，均有頻繁打哈欠的異常表現。因此，中老年人一旦出現哈欠不斷的異常表現，應想到是否為患有中風的訊號，並及時去醫院進行檢查。

➡ 持續的飲水嗆咳

也是患腦血管病的表現。吞嚥的過程是透過喉返神經和舌咽神經指揮的，而中風會導致中樞神經系統受損，神經出現問題導致咽部感覺喪失、反射失調，使得水及食物誤入氣管，引起嗆咳。

➡ 一過性頭眩暈

突然頭暈目眩，幾秒後就恢復正常，這個在醫學上稱為一過性眩暈。老年人如果經常有頭暈目眩、視物旋轉幾秒鐘後恢復正常的情況，且多次反覆發作，則需要注意了，這可能是由於大腦短暫性缺血所致，中風發作的可能性會變大。

除了這三種反常現象，中風還有其他前兆，同樣不可忽視。例如：突然出現劇烈頭痛、頭暈、噁心、嘔吐，且頭痛、頭暈比往日加重，或由間斷變成持續性。突然感到一側肢體、臉部、舌頭、嘴唇麻木，同時間同側肢體無力，甚至不能活動。反應遲鈍、性格改變、理解能力下降。突然一側或雙側視力下降，耳鳴或聽力下降。血壓突然急劇增高。

還有一種「小中風」，症狀會持續幾分鐘或幾十分鐘，最多不超過24小時，不會留下任何後遺症，多數患者患病的時候意識清楚。

這種「小中風」，屬於缺血性中風的一種。美國研究表明，小中風48小時之內，中風的風險很高；24小時之內，20名患者裡面就有1個人會發生「大中風」。所以對出現的小中風症狀一定要足夠重視。

有高血壓、糖尿病等基礎性疾病的患者，一旦出現一過性頭暈、一過性頭痛、一過性視物不清、一過性言語不利、一過性肢體麻木等症狀時，須警惕小中風。無論是對中風還是對小中風，一定要多加小心，出現症狀須盡快去醫院檢查並採取相應措施，將中風的風險降到最低。

缺血性中風為什麼老愛在清晨發作？

有人問我：「中風了，是不是過堂風引起的？」

過堂風會使人「受風」，造成關節酸痛、精神倦怠，或者因著涼發生腹痛、腹瀉等消化道症狀，個別情況下會發生顏面神經麻痹等疾病。中風和過堂風之類的自然界中的風，沒有內在聯繫，即使有患者因感受風寒而發生中風，那也是外因，不會是中風的根本原因。

中風包括出血性中風和缺血性中風，缺血性中風主要是因腦血栓形成。

清晨是腦血栓的高發時段。究其原因：

❶ 一個是血壓的關係

每個人都有生物鐘，血壓也隨著晝夜波動。當在夜間睡著後，血壓會有一定幅度的下降，血流速度減慢。當起床時，人體突然從臥位轉變為立位，易導致體位性低血壓，使腦灌注不足，促成中風的形成。

❷ 血液黏稠度增高

有研究發現，夜間人體血液中血細胞比容以及黏度均相對增高，導致血液凝固性增強。長時間睡眠沒有補充水分，且腎臟還在工作形成尿液，造成血液濃縮，血液黏度增大，自然增加了腦血栓的危險性。還有一種說法，缺血性中風有可能與睡眠姿勢有關。固定側臥姿勢使得頸部扭曲，壓迫頸動脈，造成供血減少或靜脈回流不暢，引發腦梗死。

你看，這就是人清晨容易中風的原因，對應的解決辦法就是睡前可以多喝一些白開水，稀釋血液黏稠度。當然，這個只是針對中風愛在清晨發作的措施。預防中風還要從源頭做起，從基礎病的預防做起。

缺血性中風最易在清晨發作。

中風患者多數患有高血壓、高血脂、糖尿病、冠心病、動脈硬化等疾病，盡早、積極、有效地控制和治療這些基礎原發病，就能有效地降低中風的發病率。

維持良好的飲食習慣和飲食規律，避免食用高脂、油炸食物，限制食鹽的攝入（健康成年人食鹽日攝入量不超過 6g，食用油日攝入量為 25 ～ 30g），是預防高血壓發生的很重要的因素。同時，應避免勞累過度、調整好作息，改掉不良習慣，包括抽菸、酗酒、熬夜。最後，就是要適度鍛鍊，以身體微汗、不感到疲勞、運動後自感身體輕鬆為準，每週堅持活動不少於 5 天，每次 20 ～ 40 分鐘，持之以恆。

老人中風了，該如何進行急救呢？

中風是老年人三大死因之一。它發病急，致死率高，治癒率卻很低。這個病非常兇險，需要將病人緊急送往醫院。但是在等救護車到來之前，我們應該做些什麼呢？

如果患者發病後已經失去知覺，你需要這樣做：兩三個人一起將患者抬到床上，避免頭部震動，並讓患者安靜躺下，可以抬高床頭。解開所有妨礙呼吸的衣物，保持患者呼吸道暢通，檢查他的呼吸和脈搏。如果需要隨時進行心肺復甦急救，就要每 10 分鐘檢查記錄一次患者的呼吸、脈搏和反應程度。

如果患者還有知覺，可以扶他躺下，稍微墊高頭部和肩膀，將頭偏向一邊，並在肩膀上墊一塊手巾，用來擦拭口中分泌物。同時，要安慰病人，緩解他的緊張情緒。

中風往往會留下不同程度的後遺症，例如：半身不遂、講話不清楚、關節僵硬、智力下降等。其中三分之二的患者需要他人協助打理生活。

中風導致患者肢體活動不良，出現諸如關節強直、肌肉萎縮等情況，所以鍛鍊必不可少。可以先從單個關節開始，慢慢移向多個關節。

在進行坐、站、走、蹲的功能訓練時，家屬要站在患者的患側進行協助。由於病後患者部分關節和肌肉處於廢用狀態，大多數患者都沒有鍛鍊意願，所以家屬和看護者一定要鼓勵、督促，協助患者進行康復鍛鍊。

幫助按摩患肢，防止和減輕肌肉、骨骼因為長期不運動而出現的萎縮與變形。對於肌肉緊張類的痙攣性癱瘓，手法要輕，主要是為了使患者肌肉鬆弛；對於肌肉鬆軟的軟癱，手法要深而重，以刺激神經活動過程的興奮性。另外，還要注意按摩患肢的功能位（能使這一部位的關節與肌肉發揮最大功能的體位），不要讓肢體關節發生扭轉、彎曲。

除去肢體鍛鍊，還要對他們進行口語訓練和書面語言訓練。讓患者多看電視、聽廣播，盡量增加他們聽覺和視覺上的刺激。訓練從患者自己感興趣的內容入手，由簡單到難，時間由短到長。

此外，應保持居室清潔和空氣流通，注意保暖。做好中風患者的保養工作，多吃新鮮蔬菜、水果，多吃富含蛋白質的瘦肉、魚類、乳類和大豆製品等易消化且有營養的食物。少吃動物性脂肪，少吃過鹹、過甜、過辛辣、過油膩、過刺激性食物。中風發作和天氣變化有關係，在三九天、三伏天，或者氣溫驟變的時候，家人要密切注意患者健康。

中風一次發病後有可能再發作，尤其是短暫性腦缺血發作者，應盡力排除各種中風危險因素，定期複查身體症狀。

老人跌倒，
扶不扶不是事，怎麼扶才是事！

現在對於老年人摔倒該不該去扶的問題爭議很多，這已經成為一個社會問題。但是對我們急救醫生來說，它首先是一個醫療急救問題。扶當然肯定要扶，關鍵是怎麼扶。跌倒，目前排在中國傷害死亡原因的第四名，而在 65 歲以上老年人因傷致死原因中則排在第一名，這個排名也是有原因的。

當老年人心臟病、高血壓病、低血糖症等發作，尤其出現頭暈、暈厥等情況時，就會跌倒，還可能發生各部位的跌傷。同時，老年人視聽覺功能下降、腿腳不靈活、動作遲緩造成走路絆倒或被撞倒，導致跌傷。緊張、驚嚇而誘發心臟病、高血壓急症等也會導致老人意外跌倒。此外，家庭環境布局不合理，雜物把老人絆倒，廁所地面濕滑，也都是老人跌倒的主要原因。

之所以強調怎麼扶的問題，是因為無論老年人自己還是有別人幫忙，若跌倒後太急於起身，都有可能造成更嚴重的二次損傷。

若現場沒有別人，老年人跌倒後，可在確保環境安全的情況下，透過自身感覺和輕微活動身體，來判斷損傷程度。若跌倒後損傷較為嚴重，應盡可能保持原有體位，向周邊人求助或撥打急救電話等待救助。

如果你是急救者，發現有老人跌倒，不要貿然扶起，可遵循下列步驟：

❶ 輕拍老人雙肩，分別在兩側耳旁大聲呼喚，判斷老人是否還有意識。

❷ 一看叫不醒，馬上用 5 ～ 10 秒鐘觀察老人的胸腹部是否有起伏，以判斷是否存在呼吸，如果胸腹部無起伏，或「喘息樣呼吸」，可以判斷為「心臟驟停」。此時，應立即做心肺復甦，同時撥打急救電話 119。

❸ 沒意識、有呼吸，就不需要進行心肺復甦，應採取「穩定側臥位」，清理乾淨口腔內的嘔吐物等雜物，確保呼吸道暢通，同時仍須撥打急救電話 119。

如果老人意識清楚，先問老人跌倒原因，再觀察並詢問老人有無劇烈頭痛、噁心、嘔吐、口眼歪斜、言語不清、肢體無力、癱瘓、大小便失禁等，進而透過這些情況判斷老人跌倒是否由「急性腦血管病」引起。

檢查老人局部有無疼痛、壓痛、出血、青紫、腫脹、畸形、骨折等，及時採取簡單的止血、包紮、固定等措施。如果因車禍、高處墜落等外界暴力原因，導致頸部、背部、腰部劇烈疼痛、局部壓痛明顯、疼痛部位腫脹、不能活動等，同時出現肢體感覺減退或消失，肢體不能自主運動等，應考慮「脊柱脊髓損傷、外傷性截癱」。此時禁止搬動老人，以免加重損傷，應立即撥打急救電話 119，請急救醫生處理。

在進行這些檢查以後，在老人身體無大礙的情況下，可將老人扶起來，到一旁休息，或等待急救人員的到來。

急性腹痛不能擅自吃止痛藥

　　我的一位患者馬姐，總是莫名其妙地肚子疼，吃了一週的止痛藥，症狀不但沒有緩解，反而越來越痛，最後只好來醫院就診。CT 檢查發現，她右下腹有一個炎性腫塊，醫生考慮是急性腹膜炎。經過剖腹探查手術，發現根源在於急性闌尾炎所引起的闌尾膿腫、盆腔膿腫。經過膿腫清除加闌尾切除、盆腔引流手術，馬姐恢復健康。

　　急性闌尾炎大家都知道吧。急性闌尾炎表現為持續性右下腹痛，伴陣發性加重，或轉移性右下腹痛，可能伴有發熱、噁心、嘔吐，壓痛、反跳痛等。泌尿系結石也知道吧。輸尿管結石，腰腹部常伴有劇烈陣發性絞痛。急性腸阻塞、胃十二指腸穿孔、急性胰腺炎、異位妊娠子宮破裂……這些急症都可以歸納到急腹症中。

　　由於急腹症起病急、發展快、病情重、鑑別診斷困難，病人家屬或周圍親友往往跟著乾著急、不知所措，希望能在去醫院之前幫病人一把，以減輕痛苦。但需要強調的是，幫忙要幫在對的點上，注意不要幫倒忙。

　　首先要弄清楚腹痛的時間、部位、伴隨症狀，等到醫院後可提供給醫生參考。

出現腹痛，有一些人的做法是找止痛藥來吃，這就大錯特錯了。不要隨便服止痛藥，更不能注射止痛針。疼痛是一種警示性訊號，強行止痛，會讓人有種以假象，掩蓋真實病情的感覺外，也讓醫生造成診斷上的困難。

腹痛原因不明時禁用嗎啡、配西汀、強痛定等鎮痛劑，以免延誤治療。有些止痛針還會引起胃腸道蠕動減弱、脹氣而加重症狀。腹痛時服用止痛片之類的藥物，不但不能止住腹痛，還有可能引起胃腸道黏膜損傷乃至消化道出血，使病情更為複雜，也會給診斷帶來困難。

有人說，難道眼睜睜看著病人痛苦而無動於衷嗎？絕對不是！可以讓病人保持安靜，臥床休息，等候 119 救護車到來。為了減輕腹痛，不同疾病的病人自己會採取一些特殊的姿勢，例如：腹膜炎病人願意側臥，兩髖屈曲，頭略低；急性胰腺炎病人多願坐著，上身向前傾；有些人願意趴著來緩解疼痛，或者可以雙手適當壓迫腹部。總之，怎麼舒服怎麼休息。在醫生的指導下，可適當給予解痙藥物（例如：阿托品、山莨菪鹼），暫時緩解腹痛。

急腹症的治療效果與就診時間早晚有密切關係。急腹症發病時，要以最快的速度去醫院掛急診。路途上避免過於顛簸，以免加重病情，甚至引發休克。

大活人不能讓尿給憋死嗎？

一個大活人，不能讓尿給憋死。這句話都聽說過吧。對於患有前列腺增生導致排尿困難的中老年男性，這句話一點也不勵志，只能咧嘴苦笑。前列腺炎、前列腺增生，很容易引起排尿困難，不少患者動不動就要找廁所，找到時，明明急得不行，但就是尿不出來，一點一滴往外擠，憋得難受，擠得費勁。

不僅如此，尿液存在膀胱中出不去，膀胱內的內壓升高，如果尿液沿著輸尿管逆流而上，容易使患者出現腎積水，嚴重的甚至可能造成慢性腎功能衰竭。另外，當膀胱嚴重充盈時，如果下腹部意外受到外力撞擊，會造成急性膀胱破裂，使大量的尿液湧入腹腔，引發腹腔感染。如果搶救不及時，確實會有生命危險。從這個角度來說，憋尿還真能把人憋死。

除了前列腺的一系列疾病，其他情況也可能導致尿瀦留。膀胱結石和膀胱異物堵住了膀胱的出口。在尿路結石、腸阻塞或腹部、盆腔等手術後，會反射性地引起排尿困難。一些中樞神經抑制劑和抗血壓的藥物，也可能影響排尿的反射，形成尿瀦留。

尿瀦留怎樣急救？唐朝孫思邈的《千金方》裡有用蔥管插入病人尿

道，從蔥管另一端吹氣導尿，治癒急性尿瀦留病人的記錄。不過對於一般人來說，一是沒什麼可操作性，二是也沒必要。醫生的處理方法是使用導尿管導尿。如果失敗，那麼醫生會根據患者的情況進行膀胱穿刺。這樣的方式能夠有效地減輕尿瀦留給患者帶來的巨大痛苦。

從理論講，活人還真能被尿憋死哦！

不用學急救，不等於就不需要學預防。預防尿瀦留需要從改變生活方式做起。

首先，最重要的一點一定要記住，憋尿是個特別不好的習慣，即使未出現尿瀦留這樣痛苦的病症，憋尿時間長、次數多也不利於身體健康。所以須做出調整，例如：長時間開會、坐車，出發前可以先上個廁所，某些特殊場合預感自己要憋尿的話，那就少喝點水。

睡覺前也少喝點水。盡量別喝含咖啡因的飲料和酒，別吃辛辣食物。避免使用某些藥物，例如：麻黃素、氯雷他定、阿米替林，以及一些抗菌藥物，例如：阿莫西林等。這些藥物均可導致排尿困難。同時，要保持排便順暢。若出現排尿困難，勸您趕快找泌尿外科的醫生診療。

老年人一定要提防低溫燙傷

低溫燙傷是一種特殊類型的燙傷，是較長時間接觸高於體溫的低熱物體而造成的燙傷。一般情況下，接觸溫度超過 45℃的熱源才會導致人體正常皮膚燙傷。

為什麼要強調老年人注意呢？

老年人是容易造成低溫燙傷的主要人群之一。老年人，特別是高齡老年人，由於皮膚功能退化，對不良刺激的反應和免疫功能下降，感知能力下降；因為手腳容易冰冷，喜歡用保暖產品取暖，但往往在不注意的情況下被燙傷。即使是在進行熱療時，在正常溫度、時間、距離下，仍可能造成燙傷。還有糖尿病人群體的基化蛋白造成末梢神經損傷，自身感覺遲鈍，對外界的溫度變化不能及時反應。截肢、癱瘓病人，或者有中風後遺症的病人，自身的人體功能損傷不全，無法感知熱度。

低溫燙傷和高溫引起的燙傷不同，創面的疼痛感不會很明顯，表面看上去並不嚴重，但是可能有燙傷深部的組織壞死。高齡老人燒傷的臨床特點是創面多為深度（深二度以上）、局部和全身反應嚴重、創面

257

癒合時間延長，容易併發膿毒血症、肺炎和多器官功能衰竭或導致原有疾病加重，死亡率較高。所以在治療高齡老人燒傷時，應特別注意控制休克，保護創面，供給充分的營養，預防吸入性和墜積性肺炎，以及預防多器官功能衰竭的發生。電燒傷不但可以引起局部損傷，嚴重時還會導致立即死亡。

低溫燙傷初期多會出現小水泡，顏色較深，這是水泡液多帶血性或創面淤血所致。水泡去除後，創面除淤血外可見基底蒼白，滲出少，彈性差，痛覺遲鈍或喪失。由於導致低溫燙傷的大部分熱源不直接接觸身體表面，外層衣物可能無明顯損壞。

一旦發生低溫燙傷，患者或者照看人員要立即進行燙傷處理，**應立即用流動的自來水沖洗燙傷處 20 ～ 30 分鐘，並及時就醫，避免燙傷部位發生感染，造成嚴重傷害。**有些患者缺乏對燙傷的認識，採用一些民間療法，例如：用牙膏、醬油等塗抹在燙傷部位，不僅容易導致燙傷部位創面的感染，還會延誤病情讓患者帶來更多的傷痛，甚至影響醫生對燙傷病情的正確診斷。

順便給老年朋友們提一個醒，對有明顯感覺功能減退、思維言語功能下降和肢體活動障礙的高齡老人，應特別注意用熱安全。接觸高溫物體時一定要做好準備措施，艾灸、電熱療等操作先調整並試好溫度，必要時須先使用溫度計測量溫度後使用。

熱水器應選用有溫度顯示的類型。熱水袋的熱水溫度不宜過高，要應用 2 ～ 3 層毛巾包裹，不能直接接觸身體和長時間放在固定位置。使用熱療保健機械，例如：頻譜儀、紅外線治療儀時，距離應保持 30 ～ 50cm，時間不應超過半小時，以避免發生燒傷。

老年人藥物中毒的家庭急救方法

　　藥物中毒分為哪幾種情況？不外乎是吃錯了、過量了、過期了。為什麼要強調老年人的藥物中毒呢？這不是年齡歧視，只是，老年人的藥物中毒可能性相對大一些。

　　老年人記憶力減退，有時候難免犯糊塗，這增加了服錯藥的可能性；不少老年人同時患有多種疾病，有時候需要吃上一大堆藥片，由於老年人各臟器功能均有不同程度的減退，這也容易造成藥物在體內蓄積中毒。另外，有的老年人因神經系統的衰老而伴有精神上的疾病，也常出現服藥過量、濫用、誤服等情況。所以老年人掌握急性藥物中毒的臨時急救方法，就是十分重要的一件事，這有時甚至會成為拯救老年病人生命的關鍵。

老年人藥物中毒大致有幾種情況：

　　能緩解疼痛的鴉片類藥物，包括鴉片、可待因、嗎啡等鎮痛、止咳、麻醉、解痙類藥物。輕度急性中毒患者表現為頭痛、頭昏、噁心嘔吐、興奮或抑制；重度中毒患者有昏迷、瞳孔呈針尖樣大小、高度呼吸抑制等特徵。

　　用於安眠、抗痙攣的巴比妥類藥物。輕度中毒，患者雖入睡，但呼

之能醒，醒時反應遲鈍，言語不清。重度中毒，患者表現為昏迷、反射消失、呼吸淺慢、瞳孔縮小或散大，如不及時搶救，很可能因呼吸和循環衰竭而死亡。

安定類藥物，包括利眠寧、安定、硝基安定等，主要用於鎮靜、催眠、抗癲等，如誤用或一次用量過大，就會引起急性中毒，表現為頭暈、頭痛、醉漢樣表情、嗜睡、知覺減退或消失等。嚴重者可致昏迷休克、呼吸困難、抽搐、瞳孔放大、呼吸和循環衰竭。

氨茶鹼具有強心、利尿、擴張支氣管平肌的作用。靜脈注射量大、濃度高、速度快可致頭暈、心悸、心律失常、驚厥、血壓劇降等嚴重反應，甚至會突然死亡。

發現有老年人藥物中毒以後，家裡人應立即查明中毒原因，了解毒物進入人體的途徑、進入量和中毒時間。

如果老人由於藥物中毒出現昏迷，應迅速使其平臥。老人臉色蒼白，可能是血壓下降，應取頭低腳高位；臉色發紅，則表示頭部充血，可能血壓增高，應取頭高腳低位。同時，要注意保暖，有資源的可以測一下病人的血壓。

如果藥物經口進入體內，由胃腸道吸收引起中毒，在沒有特殊禁忌的情況下，應立即採取催吐、導泄等方法。如果吃藥的時間短，藥物剛進到胃裡，還未到達腸道，則可以催吐。催吐的方法：用手指或其他物體刺激咽後壁使人嘔吐；催吐時，應將老人擺放成穩定側臥位，避免嘔吐物進入氣管而發生窒息。

如果老人中毒呈昏迷狀態或出現抽搐；或有食道靜脈曲張、潰瘍、嚴重心衰和全身極度衰竭等情況，禁用催吐。這麼做也是為了防止老人因嘔吐導致窒息。切記！

特別須提醒的是，不是非要到中毒的程度，才重視老年人服藥過量的問題。在平日就要關注老年人服藥的情況。特別是患慢性病的老人應盡量少用藥，老年人腎功能減退，用藥時間過長，有可能導致不良反應，且用藥須遵從醫囑。老年人應根據病情和醫囑及時停藥或減量。切忌不明病因就隨意過量服用藥物，以免發生不良反應或延誤病情。

CHAPTER

8

已病人群的急救經歷

電視劇中老愛出現的哮喘該怎樣應對？

有句老話，內科怕喘，外科怕癬。很多疾病會出現呼吸困難，例如：急性左心衰、喘息性支氣管炎、自發性氣胸、肺癌等。其中還有支氣管哮喘，簡稱哮喘，是常見急症之一。這種病發作時有明顯的喘鳴、咳嗽、呼吸困難，張口抬肩，顏面發紫，比較嚇人，所以電視劇中比較偏愛使用。

《志明與春嬌》中的春嬌、《金枝欲孽》裡的爾淳小主、《不能說的秘密》中的小雨，都死於「致死性哮喘」。《尋龍訣》中夏雨飾演的大背頭小馬褂的大金牙，在古墓那樣的環境中也是哮喘頻發。現實生活中有不少例子，例如：歌星鄧麗君、演員柯受良因哮喘病逝；支氣管痙攣是京劇大師梅葆玖先生病逝的原因之一。

哮喘發作之前，常常有鼻癢、流鼻涕等黏膜過敏症狀；過敏症狀持續數分鐘後出現喘息，並逐漸加重，出現胸悶感，像被一塊大石頭壓住似的；15 分鐘後發生呼氣困難，呼氣長、吸氣短。兩肺廣泛有哮鳴音，有時不用聽診器即可聽到。這時病人呈端坐體位，不能平臥，頭向前俯，兩肩聳起，兩手撐於膝上或床上，用力呼氣。病人臉色灰暗，口唇及指端發紫，四肢冰冷，冷汗淋漓，精神緊張甚至恐懼。發作無

一定規律，常見於沉睡中驚醒發作。有些患者雖然不咳不喘，但表現出如氣道高反應性、可逆性氣流受限等，這也是哮喘，屬於非典型性哮喘。

支氣管哮喘發作後，應該迅速處理：

先要立即去除過敏原等誘因，了解到自己對什麼東西過敏後應盡量避免接觸、吸入和食入，減少誘發哮喘的機會。過敏原包括花粉、動物皮毛、灰塵和蟎蟲、冷空氣、油漆等，食物中有魚蝦、牛奶、雞蛋等。緊張、激動、恐懼等精神因素也可能引發哮喘。所以要好好安慰患者，以消除緊張、焦慮、恐懼的情緒。

如有氧氣，立即吸氧。吸入沙丁胺醇氣霧劑可以平喘。沙丁胺醇氣霧劑是目前常用的支氣管擴張劑，能迅速有效地使痙攣的支氣管平滑肌舒張，增加呼吸道內氣體流通率，對於解除急性哮喘症狀可列為臨時用藥的首選藥物之一。有哮喘發作預兆或哮喘發作時，可吸入沙丁胺醇氣霧劑。用法是每次吸入 1 ～ 2 噴，必要時可每隔 4 ～ 8 小時吸入一次，但 24 小時內最多不超過 8 噴。提醒大家，高血壓、冠心病、糖尿病、甲狀腺功能亢進等病人應慎用此藥。

支氣管哮喘有時非常兇險，也是猝死的重要病症。一旦發現有人發生哮喘，應及時撥打急救電話 119。如果發生呼吸、心搏驟停，應立即做心肺復甦。

注意增強體質和免疫能力。青少年在哮喘緩解期要加強體育鍛鍊，因為身體健康可減少哮喘的發作率。哮喘病人出現，例如：變應性鼻炎、呼吸道感染等情況，應明確診斷，及時治療。

糖尿病患者如何預防低血糖的發生？

糖尿病是常見慢性病，似乎和急救沾不上邊。其實，糖尿病也有急症。糖尿病的急症包括糖尿病酮病酸中毒和高滲性非酮病糖尿病昏迷，最常見也最危險的是糖尿病患者發生了低血糖症。

低血糖是糖尿病急性併發症之一。低血糖會使腎上腺素、腎上腺皮質激素和生長素分泌增加，引起反跳性高血糖。可使腦細胞的能量供應減少，導致腦細胞軟化和壞死。如果持續低血糖昏迷超過 6 小時，腦損傷就不可逆轉。還會減少心臟供能與供氧，容易引起心律失常和急性心肌梗塞。

低血糖發病時有什麼表現？症狀輕的患者會感到饑餓、頭暈、心悸、臉色蒼白、出冷汗、無力。重者會出現意識模糊、言語不清、四肢發抖、呼吸短促、煩躁不安或精神錯亂，甚至昏迷。

那麼低血糖該怎麼進行急救呢？

如果患者意識清楚，能坐直並能吞嚥，可給患者甜飲料、糖塊或甜品，幫助他服下。

如果患者反應靈敏，可以多給一些食物或飲料，讓患者休息，直到患者的症狀減輕，也可以讓他靜坐或者躺下。有資源的話，找來血糖測試設備以便檢查血糖水平。觀察患者情況直到其完全恢復。

　　如果經過這些措施，患者情況沒有改善，就要撥打急救電話 119，在等待救援期間觀察並記錄反應程度、呼吸和脈搏等生命體徵。

　　患者雖然意識清楚，但是已經無法坐直，也無法吞嚥。此時，施救者需直接撥打 119，不要強行餵患者含糖食物。

　　對低血糖這件事必須重視，不能在發病時才想到如何預防。

低血糖昏迷持續太久會損傷大腦。

日常生活中該如何預防低血糖呢？

一日三餐，按時進食，避免過度勞累和劇烈運動。

按時服用降糖藥，計算好用量比例，注射胰島素的量要與飲食量、運動量等相符。

注射胰島素時，如果發現白天尿量多、尿糖多時，夜間常發生低血糖。須檢查低血糖是否因注射部位吸收不良而引起，並改變注射部位。

身邊經常準備一些容易吸收的糖、餅乾、果汁等。一旦出現低血糖，吃一點上述食物就好了。

學會辨別低血糖症狀，一發現有低血糖的情形就採取自救措施，「先發制病」。如果有饑餓感，臉色蒼白，心慌乏力，神志恍惚，就靜坐下來，食用準備好的甜品。

血壓急劇升高，該如何正確應對？

血壓高算是全民皆知的疾病了。當收縮壓持續超過 140mmHg，舒張壓超過 90mmHg，就稱作高血壓病。勞累、情緒波動、精神創傷等，能使患者血壓突然升高，患者會出現心率增快、異常興奮、發熱出汗、口乾、皮膚潮紅或臉色蒼白、手足發抖的症狀。若短期內血壓急劇升高（達到 200mmHg ／ 130mmHg 以上），同時出現劇烈頭痛、耳鳴、眩暈、噁心、嘔吐、臉色蒼白或潮紅、視力模糊等，或者暫時性癱瘓、心絞痛、尿渾濁，就要注意了，因為這些是高血壓的危險現象。

出現高血壓危象應立即採取一些緊急措施。患者立即臥床休息，保持鎮靜，緩解緊張、焦慮的情緒。頭部抬高，不隨意搬動患者，盡量避光。立即服用平日療效較佳的降壓藥、血管擴張藥，並撥打急救電話 119 求助。血壓驟升者應有人陪護在身邊，注意保暖，有資源者，可給予氧氣吸入。

昏迷病人有可能是中風，及時清除口鼻腔內分泌物，採取穩定側臥位，保持呼吸道暢通。

對高血壓的治療有幾個錯誤的觀點，來看看你中招沒有。

➜ 第一個錯誤，血壓高不高，靠自我感覺來判斷。

事實上每個人對血壓高低的耐受程度不同，而且臟器損害程度與血壓的高低也不完全相關，症狀的輕重與血壓高低程度不成正比，你感覺沒事，有可能問題很嚴重。正確的做法是定期定時測量血壓。

➜ 第二個錯誤，血壓一降馬上停藥。

這樣會使血壓出現人為的波動。正確的方法是在醫師的指導下對藥物進行調整。原發性高血壓患者須終生服藥。

➜ 第三個錯誤，有些患者希望血壓降得越快越好。

降壓的原則應是緩慢、持久和適度。還有些患者不看自己的歲數已經很大，身體狀況也不如以前，仍然一味地要求降壓達到「正常」水平。老年人不可過度降低血壓，強行降壓勢必會影響臟器的功能。還有人走入另一個極端，單純依賴降壓藥，忽略了綜合性治療。

高血壓病是多因素造成，治療也需要採取綜合性的措施，否則就不可能取得理想的效果。除了選擇適當的藥物外，還要保證合理膳食、充分休息、心態平和。對於高血壓的預防主要集中在對其危險因素的控制，如下。

❶ 飲食上有要求，平時保持低鹽、低脂、清淡飲食。

❷ 生活要有規律，避免過度勞累和精神刺激。應早睡早起，不宜在臨睡前活動過多，或看刺激性的影視節目。

❸ 多進行體育鍛鍊，避免過於肥胖，降低高血脂，防止動脈硬化，使四肢肌肉放鬆、血管擴張，從而降低血壓。

❹ 避免長期從事強度較大的工作，調節情緒，不要使自己長期處於精神緊張、焦慮、憂鬱等狀態下。

牙齒被撞掉了，應該怎麼處理？

現在牙齒問題困擾著越來越多的人，例如：蟲牙、蛀牙、牙周炎等等。有時候不小心摔一跤，牙齒就被撞掉了。其實，牙齒撞掉不用過於擔心，如果條件具備，牙齒是可以再植的。剛剛脫落的牙齒，如果能在 30 分鐘內進行復位，90％能長期存活；而口腔外保留 2 個小時以上的患牙，再植成功率就會大大降低。因此，牙齒被撞掉時，應該盡快到醫院治療。

撞掉牙後，有人不懂得如何處理，不是直接丟掉，就是用紙巾擦乾後，隨意擺放，還有的用小刀把牙齒外圍刮乾淨。這麼胡亂一弄，破壞了牙齒周圍的牙周膜，牙齒真的就保不住了。

一旦牙齒被撞掉了，不要驚慌，要在第一時間找到掉落的牙齒。注意不能捏住牙齒根部那一端，要捏住牙冠那一端。因為牙根部附著牙周膜組織，捏拿且受損後，會影響再植成功率。

如果牙齒較髒，可用涼的自來水沖洗，最多 10 秒鐘。不要用手或布擦洗牙根，也不能用紙、乾布包裹，防止損傷牙周膜。要用濕毛巾將牙齒小心包好，或者將牙齒浸泡在牛奶裡保濕。將牙齒保存在水和

乾燥的環境中效果都不理想，而牛奶中含有大量的氨基酸、蛋白質和鹽分等營養物質，對於保存細胞活性有關鍵的作用。

如果是在野外，沒有這些物品，那就乾脆將掉落的牙齒放在嘴裡，在舌頭底下含著，然後盡量在 30 分鐘以內趕到醫院口腔科，進行再植固定。如果發生牙體斷裂，也要保留斷裂部分，盡快去醫院就診。

牙齒撞掉了，出血狀況會比較嚴重，需要立刻止血。如果出血較多，就要找一塊醫用棉花塞住流血的地方。要是沒什麼出血，就用鹽水漱漱口；如果牙痛，可以服用止痛藥，或者敷冰袋。

只要跌倒、車禍、撞擊等造成的牙齒掉落，才適合再植。如果是因為齲齒、牙髓炎等牙病導致的牙齒脫落，可以選擇種植牙。

牙齒脫落再植後，應盡量避免再次受到硬力外傷，避免用患牙咀嚼堅硬的食物或撕裂食物。切不可咀嚼過硬的食物，不然會加重對牙齒的損傷。要保持口腔清潔及衛生，盡量選擇軟毛的牙刷。

每次飯後應用淡鹽水或者漱口水來漱口，定期去醫院做複查；平時活動的時候要保護好自己，防止牙齒受到外傷。要掌握正確的刷牙方式，每次刷牙不得少於 5 分鐘。

患有膽結石，正是因為不吃早餐！

一名 21 歲的女孩，常年不吃早餐，平時經常胃疼，這一天實在忍不住就去了醫院。醫生檢查原來是膽囊結石，通過腹腔鏡膽囊切除術，從患者的膽囊裡取出 30 多顆結石。這個還不是最恐怖的，還聽說有人從膽囊裡取出一整盒的結石，大大小小約有 2100 多顆。

膽石症也是一種常見病。依據發生部位不同，膽石症可分為膽囊結石和膽管結石。膽汁中膽鹽、磷脂和膽固醇的含量比例失調時，或者膽汁的 pH 值改變，膽固醇過飽和，膽固醇成為不溶性的，就會從膽汁中析出膽固醇結晶而形成膽固醇結石。患膽道蛔蟲後，蛔蟲的屍體、帶入的細菌和脫落的上皮細胞也可形成膽石核心。

經常不吃早飯，是結石形成的主要原因，甚至是最主要的原因。因為早上不吃東西，膽汁酸正常的循環機制被打亂，膽汁酸無法排出，也無法充分溶解膽固醇，從而導致膽固醇的濃度增高，發生沉澱。尤其是早晨，人體經過睡眠並且十幾個小時沒有進食，膽囊裡的膽汁最為濃稠，此時不吃早飯，膽固醇更容易沉澱結石或患膽囊炎。

這裡，我教大家判斷膽結石的方法：**右上腹陣發性絞痛，可向右肩部放射，多伴有飽脹、噁心、嘔吐和發熱，自己用手按壓右上腹疼痛明顯。**

　　這主要是膽系炎症的表現，不過一般人都會將這當成是胃痛而缺乏重視。膽結石患者有時候疼得受不了，表現為膽絞痛、急慢性膽囊炎的症狀，有時候又毫無感覺，只是在體檢或手術時發現。患者有無症狀，與結石大小、所處部位、是否合併感染、梗阻，以及膽囊的功能有關。

　　膽結石常與膽道感染同時存在。膽道系統感染者中 90 ％以上同時伴有結石。更嚴重者，如果結石堵塞了膽道，伴有發熱及上腹痛等上述表現的同時會出現眼黃、尿黃的現象。膽囊結石長期嵌頓但未合併感染時，膽汁中的色素被膽囊黏膜吸收，並分泌黏液性物質，而致膽囊積液。積液呈無色透明，稱為「白膽汁」。

　　膽囊結石的治療手段有手術和非手術兩種。手術治療就是切除病變的膽囊或取出膽管結石，可以有傳統的外科開腹手術和現代的內鏡下微創兩種治療方式。非手術療法，是透過藥物利膽排石治療或中西醫溶石對症治療。

內出血的判斷和急救辦法

當外界暴力作用於人體後，深部組織、器官損傷，血液從破裂的血管流入組織、器官間隙或體腔內，或經呼吸道、消化道、尿道排出，而未透過破損的皮膚黏膜流出，身體表面看不到流出的血液，這樣的出血即是內出血，例如：顱內血腫、肝脾破裂等。

在醫生看來，相較外出血來說，內出血更危險，更難處理。像刺傷、刀割傷、被動物咬傷造成的出血，即便是一般人，經過簡單學習也能自己處理。皮下出血更是「毛毛雨」了。

但是內出血，在醫院外面幾乎沒有辦法處理。診斷內出血最明確的辦法是腹穿抽出血性液體，另外腹部 B 超提示有腹腔積液。

但是在戶外，情況緊急，**一般人該如何迅速判斷內腔臟器的損傷情況，以盡快採取正確措施應對呢？可以從下列幾個方面觀察：**

❶ 持續脈搏加快，有呼吸急促、肋間隙飽滿、氣管向健側移位，可判斷為胸腔內出血。

❷ 肝、脾、腎、腸繫膜，腹腔內大血管等破裂。該類病人受傷後，會馬上感覺到腹痛且迅速蔓延至全腹，出冷汗、嘔吐、口渴、

煩躁或表情淡漠，甚至休克、昏迷。若出現這些症狀，即可判斷為腹腔內出血，應分秒必爭地將病人轉送到醫院實施手術治療。

❸ 胃、十二指腸、小腸、大腸、胰腺破裂。該類病人傷後有局部腹痛或不適，逐漸出現腹痛，且自局部蔓延至全腹，伴有噁心、嘔吐、腹脹、精神逐漸變差。應爭取在 6 ～ 8 小時內轉送到醫院進行手術治療。

❹ 能引起血尿、無尿，可判斷為腎破裂，尿路、膀胱損傷，輸尿管、尿道斷裂。患者感覺到腰、下腹部、會陰部和雙大腿內側疼痛，排出血尿或排不出小便，也應及時轉送到醫院治療。

❺ 伴有頭痛、噁心、嘔吐，抽搐、癲癇，意識障礙等，頭部受到撞擊，可判斷為顱內血腫。

內出血的病因比較複雜，但是急救方法都是一致的。**在判斷出傷者內出血的情況下，要採取以下措施：**

❶ 讓傷者躺下，使大腦有較多血液供應。

❷ 安慰患者，使他盡量保持安靜。

❸ 內出血患者忌諱移動，不要搬動他，也別讓他亂動，不要由於腹痛就用手去用力揉擦腹部，避免加重出血。

❹ 不要給傷者吃東西，也不要喝水，目的是避免手術時導致他發生嘔吐，而造成窒息。

❺ 如有排泄物或嘔吐物，要留交給醫生檢查化驗。如果發生休克，可將雙腳墊高。同時也要注意保暖。

內出血這樣的急症耽誤不得，處理完畢後，需緊急撥打急救電話119，等待救護車到來。如果救護車短時間內無法到達，應送患者去就近有資源的醫院診治，越快越好。

吐血的急救處理

一般人說得最多的就是「氣得吐血」。針對吐血這個問題，醫生們把它分成兩種情況。

❶ 喀血（咯血）

喉嚨以下的呼吸器官出血，經咳嗽從口中排出的叫咳血。咳血常伴有咳嗽、咳痰，血為鮮紅色，常混有泡沫及痰，量一般不多。引起咳血的疾病繁多，如果不是內傷中毒，走火入魔，可以判斷為呼吸系統疾病，例如：肺結核、肺癌、支氣管炎、肺炎等。另外，一些心血管系統疾病，例如：風濕性心臟病、肺動脈高壓，以及全身性疾病，例如：血小板減少性紫癜、白血病、血友病、再生障礙性貧血等，也可引起咳血。

❷ 嘔血

嘔吐血液叫嘔血。嘔血患者多會先感到噁心，然後嘔咖啡色血液，繼而排出黑便。食道或胃出血多導致嘔血及黑便。三個疾病主要病因是：消化性潰瘍、食道或胃底靜脈曲張破裂出血、急性胃黏膜損傷出血。主要由消化系統疾病、血液病、抗凝劑治療過量等原因引起。

兩種吐血簡單說就是，一個是傷了肺，一個是傷了胃。對於普通患者來說，都是經口腔排出的血液，很難分清楚喀血（咯血）和嘔血的區別。區分不清就不利於病情的治療。

　　那麼我來給大家說明該如何區分。

　　嘔血的嘔吐物中會帶有血漬。嘔血前，大部分患者會先出現噁心的感覺，接著因為噁心感加重，導致患者嘔吐。消化道類疾病容易引發嘔血，如果嘔吐物中所帶的血漬是鮮血，這種情況一般是食道的問題；如果血漬是咖啡色，大多數是十二指腸出了問題。

吐血不可輕視，分析清楚原因最關鍵。

咳血也被稱為咯血，是喉以下呼吸道出現問題而引起的出血，再從口腔內排出。患者咳血前也是有預兆的，一般喉嚨處會產生發癢、胸悶的感覺，排出的血液中可帶痰液，也有可能不帶痰液。

嘔血患者的大便中也會帶有血跡，因為在腸道停留過的原因，所以大便呈黑色。咳血患者如果不是誤吞血液，大便中則不會帶血，排出的大便顏色也是正常的。

➡ 對咳血患者這樣來處置

先是臥床休息，避免吸入性肺炎的發生。吃一些流質或半流質易消化的食物，保持大便通暢，以免大便時費力再次咳血。咳嗽劇烈妨礙止血時，可在血咯出後口服鎮靜類藥物。

➡ 對嘔血患者這樣來處置

同樣的，絕對臥床休息，採取平臥位，或將雙下肢抬高 30°，保持患者呼吸道暢通，防止嘔血時將血吸入氣管內發生窒息。有劇烈噁心、嘔吐時，頻繁嘔吐或食道靜脈曲張，破裂出血者，可暫時禁食。患者煩躁不安、情緒緊張時，可給予鎮靜劑。應盡快將患者送往醫院，由醫生開立止血藥物等方法進行救治。

急性胰腺炎與喝酒的關係

急性上腹痛、噁心嘔吐、發熱和血胰酶增高，是急性胰腺炎的特徵，這是胰酶在胰腺內被活化後引起胰腺組織自身消化、水腫、出血甚至壞死的炎症反應。急性胰腺炎輕重程度不等，輕者以胰腺水腫為主，重者胰腺出血壞死，常繼發感染、腹膜炎和休克等，致死率較高。

急性胰腺炎常於飽餐和飲酒後 1 ～ 2 小時內發病。疼痛為持續性，有陣發性加劇，呈鈍痛、刀割樣痛或絞痛，常位於上腹或左上腹，也有偏右者，可向腰背部放散，仰臥位時加劇，坐位或前屈位時減輕疼痛。

急性胰腺炎誘發有以下幾個病因：蛔蟲、結石、水腫、腫瘤或痙攣等原因可使胰管阻塞而形成急性胰腺炎。十二指腸鄰近部病變也是引發急性胰腺炎的病因。

其他高鈣血症與甲狀旁腺功能亢進可誘發急性胰腺炎；某些傳染性疾病，例如：流行性腮腺炎、病毒性肝炎等可能伴有胰腺炎。急性胰腺炎的病因還與喝酒有關。長期大量飲酒，暴飲暴食，促進胰酶大量分泌，致使胰腺管內壓力驟然上升，引起胰腺泡破裂，胰酶進入腺泡之間的間質而促發急性胰腺炎。

明白了這些原則，就知道該採取什麼措施了。

急性胰腺炎發作時，應馬上停止飲酒和進食食物，最好躺、臥著休息。應立即撥打急救電話 119。平時減少暴飲暴食及極度疲勞，提倡健康飲食。

發病後如果出現輕重不等的休克時，須馬上按照休克急救措施對患者施救。患者會噁心、嘔吐。施救者需要幫助患者清理嘔吐物，保持呼吸道暢通。

急性胰腺炎還會導致脫水，脫水主要由腸麻痺、嘔吐所致，而重型胰腺炎在短時間內會出現嚴重的脫水及電解質紊亂。出血壞死性胰腺炎，發病後數小時至十幾小時，即可呈現嚴重的脫水現象。發生脫水時應及時喝補液鹽。

若不想要生病，平日就要注意預防。平常喜愛酗酒的人，由於慢性酒精中毒和營養不良而導致肝、胰等器官受到損害，抗感染能力下降。在此基礎上，因一次喝酒而致急性胰腺炎者甚多，所以戒酒應是預防方法之一。暴食暴飲，可導致胃腸功能紊亂，使腸道的正常活動及排空，以及膽汁和胰液的正常引流發生障礙，引發急性胰腺炎。所以，切忌暴食暴飲。

此外預防腸道蛔蟲，及時治療膽道結石和避免引起膽道疾病急性發作，都是避免引發急性胰腺炎的重要措施。

切記：莫以「疝」小而不為

　　疝氣俗稱「小腸串氣」，指腹內器官的一部分，通過肌肉內壁薄弱部分向外突出的現象。這個「腹內器官的一部分」通常指的是腸的一小段，但是除了小腸、盲腸，膀胱、卵巢、輸卵管等臟器也有可能通過薄弱點形成疝氣。得疝氣的人，一般是老人和幼兒，肥胖者也經常患這種病。

　　腹股溝疝的病因並未完全清楚，主要與腹壁薄弱、腹腔內壓力增高等有關。引發腹股溝疝的原因既有鞘狀突未閉、腹股溝發育不良等先天因素，又有歲數大、生長發育不良、營養代謝不良等後天因素。

　　最常見的疝氣是腹股溝疝。據統計，大約有 27% 的男性和 3% 的女性，在一生中曾經出現過腹股溝疝。還有人研究發現，人類出現腹股溝疝的機率要遠遠高於其他哺乳動物，這是因為人類選擇了直立行走。站立姿勢下，人體腹部受到重力的影響，導致腹腔下部腹股溝處壓力增大，進而易引發腹股溝疝。

　　看似平常的咳嗽、噴嚏、重體力勞動、便秘用力過度，都可能引發疝氣，另外幼兒腹壁強度不足、老人腹壁強度降低也出現是疝氣的高危險因素。

如果腫脹處不痛，讓患者躺下，腫脹就會消失。如果患者劇痛，尤其是伴有嘔吐腹痛，則可能是「絞窄性」疝氣，須立即進行手術治療。

疝氣影響患者的消化系統，進而影響營養的吸收，會出現營養不良、易疲勞、體質下降等症狀，從而危害身體健康，特別是對處於發育階段的嬰幼兒來說影響更大。

因腹股溝與泌尿系統相鄰，長期得不到治療，對不同類型的人會有如下影響：**會影響幼兒生殖系統的正常發育；影響成年人的性生活；可能導致女性不育不孕；老年人則會出現頻尿、尿急等症狀，還會誘發前列腺疾病。**因為疝容物易來回往復，不斷摩擦極易發生炎性腫脹而導致嵌頓、絞窄、腹部劇痛等危險情況的發生，甚至有可能危及生命。此外，患者心理和身體所承受的負擔也不容忽視。

疝氣的判斷很容易，一是腹部鼓脹，腹部或腹股溝處疼痛；二是嘔吐。

疝氣的治癒主要透過外科手術治療。治療疝氣的手術與闌尾炎手術一樣幾乎是醫院裡最常見的外科手術了，一個小時左右就可以完成。有些患者不敢做手術，選擇使用疝帶或緊身衣，但這只能暫時性地阻止腫塊繼續增大，並不能徹底治癒疝氣。

如果身邊有人突發疝氣，我們需要做些什麼呢？我們可以安慰傷病者，緩解其不適感。幫助患者選擇一個讓他自己感到舒服的姿勢，倚靠枕頭或椅墊半臥，屈膝並在下面墊上衣物或枕頭。不要試圖替患者或讓他自己將疝囊推回體內。待疼痛緩解後，立即前往醫院或者撥打急救電話 119。

大咖推薦語

我和賈大成老師是 30 多年的老朋友了。賈老師的書越來越簡單，但越來越實用，這是因為賈老師想在最短的時間內將最有用的急救方法告訴大家，讓每個讀者朋友一看就懂，一學就會。時間就是生命，誰贏得時間誰就可能贏得生命。

——於學忠（北京協和醫院急診科主任、教授、博士生導師，中國醫師協會急診醫師分會會長、中華醫學會急診醫學分會第八屆主任委員、國家衛生計生委急診質控中心和北京市急診質控中心主任、中華人民共和國國家衛生健康委員會應急辦專家組成員）

醫者仁心。賈大成老師從事醫療急救工作 30 多年，本該頤養天年，可是現在依然奮鬥在急救科普的第一線。用他的話說，他一生只幹兩件事情：救人和教人救人。人都有死亡的一刻，他希望死在講完急救的講台上。這樣有大德的醫生，是值得我們每個人敬仰和尊重的。

——施琳玲（中國醫師協會健康傳播工作委員會常務副主委兼秘書長）

賈大成老師不能簡單地被稱為「中國急救科普第一人」，而應該稱為「急救科普第一狂人」。為了急救事業，他幾乎到了廢寢忘食甚至瘋狂的地步。賈老師是我們中國最早使用過 AED（自動體外去顫器）的人，最早推廣 AED 的人，也是最早隨身攜帶 AED 的人。這樣敬業的人值得我們給他點讚。

——郭平（人民網輿情數據中心大健康事業部主任）

小朋友身體、心智發育不成熟，所以更容易出現危險。可是作為孩子的家長又有多少人真正懂得一些急救方法呢？很多時候家長都是誤打誤撞，甚至還會釀成更大的錯誤。賈大成大夫在書中用了大篇幅講小孩子，無論是在家中還是在戶外遇到危險狀況如何急救，希望家長抱著負責任的態度認真讀一下。

——張思萊（北京中醫藥大學附屬中西醫結合醫院兒科原主任、主任醫師，中西醫結合學會北京兒科分會副主委兼秘書）

作為醫生，同樣都在救死扶傷，但賈老師遇到的都是最兇險、最緊急的情況，稍有不慎就會危及生命，所以賈老師的急救工作就更為嚴謹，容不得半點馬虎，這一點在書中體現得淋漓盡致。

——萬希潤（北京協和醫院主任醫師、碩士生導師）

賈大成老師無愧於「中國急救科普第一人」，他不僅在微博等新媒體上向廣大網友傳播急救技能，而且經常在電視上傳授急救知識，經過他培訓的人數不勝數，受益的個人、家庭、單位不計其數。學習急救知識，其實就是熱愛生命，傳遞正能量。

——譚先傑（北京協和醫院婦產科主任醫師、國家健康科普專家庫成員）

從專業的角度來說，醫學類書籍應該是晦澀難懂的，但是賈大成老師的書深入淺出，通俗易懂，還帶點風趣幽默，閱讀起來就像我們與賈老師面對面交流一般，輕鬆自然，卻受用十足。

——勾俊傑（網易健康頻道主編）

感謝賈老師在急救事業上的付出，因為有了他這樣的急救科普專家，才讓我們有機會學習更多，讓我們在自己和他人生命攸關時，有機會力挽狂瀾。賈老師書中所講的案例很生動，急救方法很實用，因為這些案例都是他實踐過千百次的經驗總結。認真閱讀賈老師的書，為生命保駕護航。

——袁月（搜狐健康總編）

在急救方面，賈老師是我的前輩。他傳授的很多急救方法，都是他幾十年急救經驗的總結。大家閱讀賈老師的書，不僅能夠學會自救，還能夠救助身邊的人，何樂而不為呢？

——高巍（北京大學第一醫院密雲醫院急診科醫生、自媒體「醫路向前巍子」）

《關鍵時刻能救命的急救指南》指導委員會

海　霞　中國醫師協會健康傳播工作委員會急救科普學組聯合發起人
　　　　全國政協委員
　　　　中紀委國家監察委特約監察員
　　　　中央廣播電視總台央視主播、播音指導
孫樹俠　中國醫師協會健康傳播工作委員會急救科普學組高級顧問
　　　　世界衛生組織健康教育促進中心顧問
　　　　聯合國綠色工業組織專家委員會委員
　　　　國家衛健委健康教育指導首席專家
　　　　中央國家機關健康大講堂講師團專家
　　　　中國健康教育協會常務理事
衛國福　中國醫師協會健康傳播工作委員會急救科普學組高級顧問
　　　　中國保健協會原副會長
　　　　中煤集團原董事長
葛志榮　中國醫師協會健康傳播工作委員會急救科普學組高級顧問
　　　　國家質檢總局原副局長
　　　　第十一屆全國政協委員
　　　　國務院參事室原參事
劉哲峰　中國醫師協會健康傳播工作委員會急救科普學組聯合發起人
　　　　中國醫師協會健康傳播工作委員會常務副主任委員
施琳玲　中國醫師協會健康傳播工作委員會急救科普學組聯合發起人
　　　　中國醫師協會健康傳播工作委員會常務副主任委員兼秘書長
鄧利強　中國醫師協會健康傳播工作委員會急救科普學組聯合發起人
　　　　中國醫師協會健康傳播工作委員會常務副主任委員
張紅蘋　中國醫師協會健康傳播工作委員會急救科普學組聯合發起人
　　　　國家衛健委人口文化發展中心媒體與訊息管理處處長
　　　　衛生健康文化推廣平台負責人
　　　　中國家庭報社社長
張海澄　中國醫師協會健康傳播工作委員會副主任委員
　　　　北京大學醫學繼續教育學院院長
　　　　北京大學人民醫院心臟中心主任醫師
王革新　中國醫師協會健康傳播工作委員會急救科普學組顧問
　　　　國家衛健委國際交流與合作中心原處長
　　　　美國心臟協會（AHA）國際培訓中心協調員

孟憲勵　中國醫師協會健康傳播工作委員會急救科普學組顧問
　　　　人民日報社《健康時報》總編輯
李晨玉　中國醫師協會健康傳播工作委員會急救科普學組聯合發起人
　　　　人民日報社《健康時報》總編助理、副總編
於　飛　中國醫師協會健康傳播工作委員會急救科普學組聯合發起人
　　　　中央廣播電視總台新聞中心社會新聞部總策劃人
顧建文　中國醫師協會健康傳播工作委員會急救科普學組顧問
　　　　第十三屆全國政協委員
　　　　解放軍戰略支援部隊特色醫學中心主任、主任醫師、
　　　　博士研究生導師
　　　　中央軍委保健委員會專家
張思萊　中國醫師協會健康傳播工作委員會急救科普學組顧問
　　　　中國關心下一代工作委員會專家
　　　　北京中西結合醫院著名兒科專家
　　　　著名醫學科普作家
郭　偉　中國醫師協會健康傳播工作委員會急救科普學組顧問
　　　　北京天壇醫院急診科主任
　　　　中國醫學救援協會急診分會常務理事
陰賴茜　中國醫師協會健康傳播工作委員會急救科普學組顧問
　　　　北京安貞醫院心內科主任醫師
　　　　北京市紅十字會應急救護培訓工作指導委員會委員
勾俊傑　中國醫師協會健康傳播工作委員會急救科普學組顧問
　　　　網易健康頻道主編
羅　軍　中國醫師協會健康傳播工作委員會急救科普學組聯合發起人
　　　　富盛科技股份有限公司創始人、董事
　　　　《中國安防》編委
鄧鉅翰　中國醫師協會健康傳播工作委員會急救科普學組顧問
　　　　遠盟康健科技有限公司董事長兼 CEO
　　　　遠盟全球華人緊急救援聯盟總裁
張師梅　中國醫師協會健康傳播工作委員會急救科普學組聯合發起人
　　　　中國醫師協會健康傳播工作委員會急救科普學組運營負責人
　　　　中國醫學救援學會科普分會常務理事
　　　　中華志願者協會應急救援志願者委員會專家顧問

關鍵時刻能救命的
急救指南 First A. Guide

書　　　名	關鍵時刻能救命的急救指南	
作　　　者	賈大成	
主　　　編	莊旻嬛	
美　　　編	譽緻國際美學企業社	
封面設計	洪瑞伯	

發　行　人　程顯灝
總　編　輯　盧美娜
發　行　部　侯莉莉
美術編輯　博威廣告
製作設計　國義傳播
財　務　部　許麗娟
印　　　務　許丁財
法律顧問　樸泰國際法律事務所許家華律師
藝文空間　三友藝文複合空間
地　　　址　106 台北市安和路 2 段 213 號 9 樓
電　　　話　（02）2377-1163

出　版　者　四塊玉文創有限公司
總　代　理　三友圖書有限公司
地　　　址　106 台北市安和路 2 段 213 號 9 樓
電　　　話　（02）2377-4155、（02）2377-1163
傳　　　真　（02）2377-4355、（02）2377-1213
E - m a i l　service @sanyau.com.tw
郵政劃撥　05844889 三友圖書有限公司

總　經　銷　大和書報圖書股份有限公司
地　　　址　新北市新莊區五工五路 2 號
電　　　話　（02）8990-2588
傳　　　真　（02）2299-7900

初　版　2022 年 09 月
定　價　新臺幣 320 元
ISBN　978-626-7096-17-8（平裝）

◎版權所有・翻印必究
◎書若有破損缺頁請寄回本社更換

國家圖書館出版品預行編目（CIP）資料

關鍵時刻能救命的急救指南 /賈大成作. -- 初版. --
臺北市：四塊玉文創有限公司, 2022.09
　　面；　公分
　　ISBN 978-626-7096-17-8(平裝)

　　1.CST: 家庭急救

429.4　　　　　　　　　　　　　　　111013264

三友官網　　　三友 Line@

本書經四川文智立心傳媒有限公司代理，
由北京時代華語國際傳媒股份有限公司正
式授權，同意四塊玉文創有限公司在台灣
地區出版，在港澳台、新加坡、馬來西亞
發行中文繁體字版本。非經書面同意，不
得以任何形式任意重製、轉載。